青少年太空探索科普丛书（第3辑）

恒星世界

李 良 著

嘉祐元年三月，司天监言："客星没，客去之兆也。"初，至和元年五月，晨出东方，守天关。昼见如太白，芒角四出，色赤白，凡见二十三日。

—— 出自《宋会要辑稿》，早在1054年的宋代，中国就详细记载了一次超新星爆炸，它的残骸就是我们今天看到的蟹状星云。

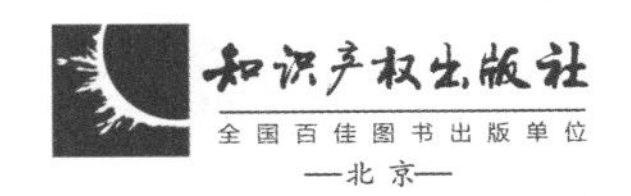
知识产权出版社
全国百佳图书出版单位
—北京—

图书在版编目（CIP）数据

恒星世界 / 李良著 . — 北京 : 知识产权出版社，2023.12

（青少年太空探索科普丛书 . 第 3 辑）

ISBN 978-7-5130-9009-4

Ⅰ . ①恒… Ⅱ . ①李… Ⅲ . ①恒星 – 青少年读物Ⅳ . ① P145.1-49

中国国家版本馆 CIP 数据核字（2023）第 238765 号

内容简介

本书从恒星的观测说起，讲述中西方对星座的不同认识，并从恒星的分类、形成、演化等角度，带领读者走进丰富多彩的恒星世界，通过介绍双星、聚星、变星、耀星、超新星、疏散星团、球状星团等概念，以及河外星系、宇宙暗能量等知识，一步步带领读者领略宇宙的神奇与奥妙。

项目总策划： 徐家春

责 任 编 辑： 徐家春　徐　凡　　**执 行 编 辑：** 赵蔚然

版 式 设 计： 索晓青　张国仓　　**责 任 印 制：** 孙婷婷

青 少 年 太 空 探 索 科 普 丛 书（第 3 辑）

恒星世界　HENGXING SHIJIE

李　良　著

出版发行：	知识产权出版社有限责任公司	**网　　址：**	http://www.ipph.cn http://www.laichushu.com
电　　话：	010-82004826		
社　　址：	北京市海淀区气象路 50 号院	**邮　　编：**	100081
责编电话：	010-82000860 转 8573	**责编邮箱：**	823236309@qq.com
发行电话：	010-82000860 转 8101	**发行传真：**	010-82000893
印　　刷：	北京中献拓方科技发展有限公司	**经　　销：**	新华书店、各大网上书店
开　　本：	787mm × 1092mm　1/16	**印　　张：**	11.25
版　　次：	2023 年 12 月第 1 版	**印　　次：**	2023 年 12 月第 1 次印刷
字　　数：	175 千字	**定　　价：**	69.80 元

ISBN 978-7-5130-9009-4

青少年太空探索科普丛书（第3辑）
编辑委员会

总 序

把科学精神写在祖国大地上

习近平总书记指出:“科技创新、科学普及是实现创新发展的两翼，要把科学普及放在与科技创新同等重要的位置。没有全民科学素质普遍提高，就难以建立起宏大的高素质创新大军，难以实现科技成果快速转化。”党的十八大以来，党中央高度重视科技创新、科学普及和科学素质建设，全面谋划科技创新工作，有力推动科普工作长足发展，科普工作的基础性、全局性、战略性地位更加凸显，全民科学素质建设的保障功能更加彰显。

新时代新征程，科普工作要把培育科学精神贯穿培根铸魂、启智增慧全过程，使创新智慧充分释放、创新力量充分涌流，为推动我国加快建设科技强国、实现高水平科技自立自强提供强大的智力支持。

要讲好科学故事

党的十八大以来，党中央坚持把创新作为引领发展的第一动力，我国的科技事业实现历史性变革、取得历史性成就。中国空间站转入应用与发展阶段，“嫦娥”探月，“天问”探火，“羲和”逐日……这些工程在国内外产生了巨大影响。现在，我国经济总量上升到全球第二位，科学技术、文化艺术位居世界前列，正在向第二个百年奋斗目标奋勇前进。

在全面蓬勃发展的大好形势下，加强对青少年的科学知识普及，更好地激发他们热爱祖国、热爱科学、为国家科技腾飞而努力学习的远大理想，是当前的重要任务。科普工作者要紧紧围绕国家大局，用事实说话，用数据说话，讲清楚科技领域的中国方案、中国智慧，为服务经济社会发展、加快科技强国建设提供强大力量。要讲明白我国科技发展的过去、现在和未来。任何科技成就的取得都不是一蹴而就的，中华文明绵延数千年，积累了丰富的科技成果，这是我们宝贵的文化遗产。今天的我们要讲清楚中华文明的“根”与“源”，讲明白“古”与“今”技术进步的一脉相承，讲透彻中国人攀登科学高峰时不屈不挠、团结奉献的品格。

要弘扬科学精神

在中国共产党领导下，我国几代科技工作者通过接续奋斗铸就了“两弹一星”精神、西迁精神、载人航天精神、科学家精神、探月精神、新时代北斗精神等，这些精神共同塑造了中国特色创新生态，成为支撑基础研究发展的不竭动力，助力中华民族实现从站起来到富起来，再到强起来的伟大飞跃。

科学成就的取得需要科学精神的支撑。弘扬科学精神，就是要用科学精神感召和鼓舞广大青少年，引导青少年牢固树立为国家科技进步而奋斗的学习观，自觉将个人成长融入祖国和社会的需要之中，在经风雨中壮筋骨，在见世面中长才干，逐渐成长为可以担当民族复兴重任的时代新人。

要培育科学梦想

好奇心是人的天性，是提升创造力的催化剂。只有呵护孩子的好奇心，激发孩子的求知欲望，为孩子播下热爱科学、探索未知的种子，才能引导他们勇于创新、茁壮成长，在未来将梦想变成现实。

科普工作要主动聚焦服务“双减”背景下的中小学素质教育，鼓励青少年主动学习科学知识、积极探究科学奥秘。要遵循青少年身心发展规律和对知识的接受规律，帮助青少年开阔视野，增长知识。更重要的是，要注重传授正确的学习方法，帮助孩子树立正确的科学思维，让孩子在快乐体验中学以致用，获得提高。

我们欣喜地看到，知识产权出版社在科普出版中做了有益尝试，取得了丰硕成果。在出版科普图书的同时，策划、组织、开展了一系列的公益科普讲座、科普赠书等活动，得到广大青少年、老师家长、业内专家、主流媒体的认可。知识产权出版社策划的青少年太空探索系列科普图书，从不同角度为青少年介绍太空知识，内容生动，深入浅出，受到了读者欢迎。

即将出版的“青少年太空探索科普丛书（第3辑）”，在策划、出版过程中呈现出诸多亮点。丛书紧密聚焦我国航天领域的尖端科技，极大提升了中华儿女的民族自豪感；在讲解知识的同时，丛书也非常注重对载人航天精神和科学家精神的弘扬，努力营造学科学、爱科学、用科学的社会氛围；丛书在深入挖掘中华优秀传统文化方面做了有益尝试，用新时代的语言和方式，讲清楚中国人的宇宙观，讲好中国人的飞天梦、航天梦、强国梦，推进中华优秀传统文化创造性转化、创新性发展；同时，丛书充分发挥普及科学知识、传播科学思想、倡导科学方法、弘扬科学精神的作用，努力提升青少年读者的科学素养和全社会的科学文化水平。

“航天梦是强国梦的重要组成部分”。当前，我国航天事业发展日新月异，正向着建设航天强国的伟大梦想迈进。“青少年太空探索科普丛书（第3辑）”体现了出版人在加强航天科普教育、普及航天知识、传播航天文化过程中的使命与担当，相信这套丛书必将以其知识性、专业性、趣味性、创新性得到广大读者的喜爱，必将对激发全民尤其是青少年读者崇尚科学、探索未知、敢于创新的热情产生深远影响。

欧阳自远

2023年10月31日

出版说明

党的二十大报告指出："全面建设社会主义现代化国家，必须坚持中国特色社会主义文化发展道路，增强文化自信，围绕举旗帜、聚民心、育新人、兴文化、展形象建设社会主义文化强国。"出版工作的本质是文明传播和文化传承，在服务国家经济社会发展，助力文化自信，构建中华民族现代文明进程中肩负基础性作用，使命光荣，责任重大。

知识产权出版社始终坚持社会效益优先，立足精品化出版方向，经过四十多年发展，现已形成多学科、多领域共同发展的格局。在科普出版方面，锻造了一支有情怀、有创造力、有职业精神的年轻出版队伍，在选题策划开发、图书出版、服务社会科普能力建设等方面做出了突出成绩，取得了较好的社会效益。以"青少年太空探索科普丛书"为例，我们在"十二五""十三五""十四五"期间，分别策划了第 1 辑、第 2 辑和第 3 辑，每辑均为 10 个分册，共计 30 册，充分展现了不同阶段我国航天事业的辉煌成就，陪伴孩子们健康成长。

"青少年太空探索科普丛书（第 3 辑）"是我社自主策划选题的一次成功实践。在项目策划之初，我们就明确了定位和要求，要将这套丛书做成展现国家航天成就的"欢乐颂"、编织宇宙奇幻世界的"梦工厂"、陪伴读者快乐成长的"嘉年华"，策划编辑团队要在出版过程中赋予图书家国情怀、科学精神、艺术底色，展现中国特色、世界眼光、青年品格。

本书项目组既是特色策划型，又是编校专家型，同时也是编印宣综合型。在选题、内容、形式等方面体现创新，深入参与书稿创作，一体推动整个项目的质量管理、进度管理、创新管理、法务管理等。

项目体量大、要求高，各项工作细致繁复，在策划、申报、出版各环节，遇到诸多挑战。但所有的困难都成为锻炼我们能力的契机。我们时刻牢记国家出版基金赋予的光荣与梦想，心怀对读者的敬意，以“能力之下，竭尽所能”的忘我精神，以“天下难事，必作于易；天下大事，必作于细”的工匠精神，逐一落实，稳步推进，心中的那道光始终指引我们，排除万难，高歌前行。

感谢国家出版基金对本套丛书的资助，感谢中国科学技术馆、哈尔滨工业大学、北京师范大学、深圳市天文台、北京天文馆、郭守敬纪念馆、北京一片星空天文科普促进中心等单位对本套丛书的大力支持，感谢国家天文科学数据中心许允飞等对本套丛书提供的无私帮助，感谢张凤霞老师、王广兴等对本套丛书给予的帮助。

希望这套精心策划的丛书能够得到读者的喜爱，我们也将始终不忘初心，继续为担当社会责任、助力文化自信而埋头奋进。

知识产权出版社党委书记、董事长、总编辑　刘　超

2023 年 12 月 4 日

序 言

我是 1986 年从南京大学天文系毕业来北京天文馆工作之后认识李良老师的。他一直在《天文爱好者》编辑部做编辑。我最开始写科普文章也是受他启蒙的。他 10 年前退休了，但仍然笔耕不辍，还担任了北京市委老干部局老党员先锋总队科技科普服务团团长。现在我也退休了，但好像没有他的这股干劲。回望来路，变化太快，从文字书写到电脑打字，网络时代的信息爆炸应和上了天文学上的宇宙大爆炸。记得我上学时也读过一本《恒星世界》。那本书薄薄的，估计只有本书一章的字数。这说明，四十年来天文学快速发展，有了许多新的发现和认识。同时，科学传播的能力也在快速提升，最新的成果能够快速地让普罗大众看到、了解。

本书的内容非常丰富，但是文字精练、配图精美、容易阅读，是天文学启蒙的一本好书。本书从中西方直观的星象划分，到对恒星物理特性的基本认识，再拓展到银河系、河外星系，然后到大宇宙，展现了从古至今，人类认识恒星世界的进程中感受到的宇宙魅力。

人类对恒星世界的认识是一个祛魅的过程。天文学家用视差的方法第一次测量出恒星的距离是在 19 世纪。随后开启的天体物理学，就是从对恒星的那一点点光的分光开始的。天文学家通过光谱分析了解到，恒星物质与地上物质是一样的，可见的恒星实际上都是遥远的太阳。那个时候，尼采说出了“上帝死了”，梵高画出了点点星光的旋转圆面。宇宙中被人想象出的神迹，慢慢被科学探索的认知消除，人类又一次获得了新的启蒙。但是，随着 20 世纪 60 年代宇宙微波背景辐射的发现，天文学家建立了大爆炸宇宙模型，而且认为宇宙还在加速膨胀。其原因是受到人类至今无法认知的巨大能量的推动，即所谓“暗能量”。更大的未知依然在那里等着人类去发现。就像爱因斯坦所说的那样：“如果把你的已知画成一个圆，圆内是已知，圆外是未知，了解的越多就会知道自己未知的越多。”爱因斯坦还曾说过一个比喻：“再凶猛的狮子，如果你把它喂得过饱，它也会失去觅食的欲望。”Stay hungry，Stay foolish。所以，留有一些饥饿感，能够觉知到自己的无知，又何尝不是一种人类的智慧。

李良老师 1974 年到北京大学地球物理系学习空间物理专业之前，在黑龙江兴凯湖的生产建设兵团劳动锻炼了五年。我想，正是这段经历，给了他年逾古稀仍然笔耕不辍的能量。所以，希望能够读到这本书的年轻人，在学习天文的同时，也能够获得一点这样的智能。

肖　军

北京天文馆古天文研究中心原主任

北京古观象台原常务副台长

2023 年 11 月 18 日

写于北京慈云寺家中

目录

第一章

仰望天穹

1 大熊座与北斗七星

天文学最初是从人类仰观天象的活动发展起来的。在新石器时代，原始农业生活必然直接受到春暖秋凉等季节规律的制约，所以自然界气候的周期变化是原始人类最先认识的自然规律。我国明朝末年有个大学者叫顾炎武，他在《日知录》中曾说：

> 三代以上，人人皆知天文。“七月流火”，农夫之辞也；“三星在户”，妇人之语也；“月离于毕”，戍卒之作也；“龙尾伏辰”，儿童之谣也。后世文人学士，有问之而茫然不知者矣。

文中的“火”指天蝎座的亮星心宿二，“三星”指猎户座参宿三星，“毕”为金牛座毕宿五，“龙尾”指青龙的尾部，称尾宿。他列举了农民、妇女、士兵和儿童口中的天文知识并加以说明。并且，有几个古代星宿在《诗经》中也有所涉及。由此可见，早在我国夏、商、周三代时，恒星等天文知识已经普及。

“恒星”一词最早出现在春秋时期。《左传》记载：“（鲁庄公七年）夏四月辛卯夜，恒星不见。”《公

石刻北斗七星

出土于山东省嘉祥武梁祠。

羊传》记载:“恒星者何?列星也。”

恒星世界里最著名的莫过于北斗七星了。它是由天枢、天璇、天玑、天权、玉衡、开阳、摇光七星组成的,是大熊座的重要组成部分。大熊座属于北天星座,在北半球中高纬度永不落入地平线。初学者一般从大熊座开始认识星空。

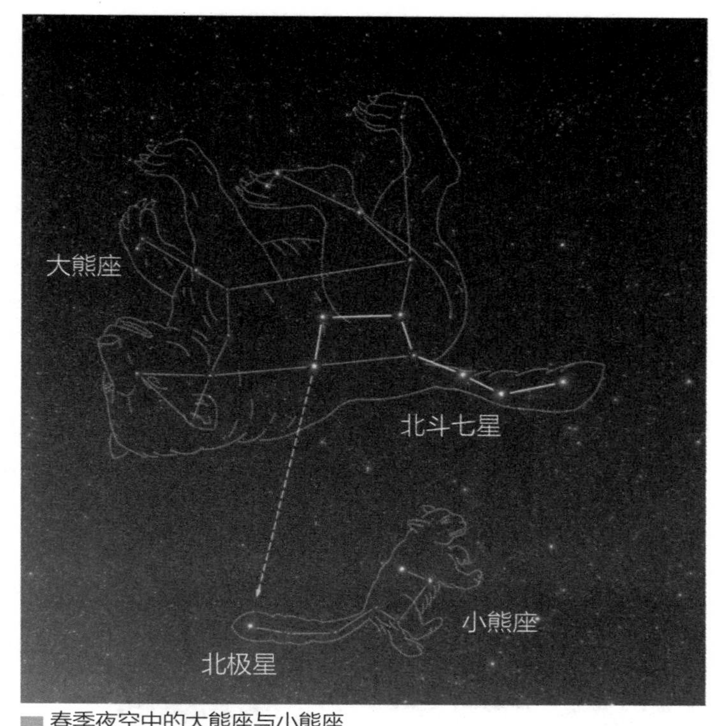

春季夜空中的大熊座与小熊座

勺口前两颗星连线延长5倍处有一颗亮星,即北极星。

在春季夜空,大熊座高悬在北天,这时是四季中观看它的最好时节。在古希腊的神话故事中,大熊座是温柔美丽的少女卡利斯托的化身。据传说,卡利斯托被众神之王宙斯所爱,生下了儿子阿卡斯。宙斯的妻子赫拉知道后非常气愤,她决定要用法力对卡利斯托进行惩罚。于是,卡利斯托白皙的双臂变成了长满黑毛的利爪,娇红的双唇变成了血盆似的大口。美丽的少女最终变成了一只大母熊。后来,宙斯知道了,就把大熊安排到天上。这就是大熊座的来历。

在历史上,闪亮的大熊座曾以其明显的形状为古希腊等民族的航海水手指示正确的方向。古希腊大诗人荷马在他的史诗《奥德赛》中就描写过水手奥德赛根据大熊座航海的情况。

玉衡、开阳、摇光组成北斗七星的斗柄,我国古人称之为杓(biāo);其他四颗星组成了北斗七星的斗勺,我国古人把这四颗星构成的斗形称作魁。魁就是民间传说中的文曲星，古时它被认为是主管文运的神。在科举时代，参加科举考试是贫寒人家子弟出人头地的唯一办法。据说每逢乡试，很多学子仰望北斗默默祈福祷告。

早期航海与星座图

人类早期航海活动与北斗七星和北极星密切相关。

司马迁的《史记·天官书》中写道:“斗为帝车，运于中央，临制四乡。分阴阳，建四时，均五行，移节度，定诸纪，皆系于斗。”这说的是天帝坐在由北斗七星组成的马车上巡行四方，行一周就是一年，并由此区分出一年中的阴阳两个半年，划分出四季和五个时节，节气和太阳的行度也由此确定。由观察可知，随着地球的运动，在不同季节看到的北斗勺柄的指向不同，大约为一季指一个方向，用我国先秦时期的古书《鹖冠子》中的话来说，就是“斗柄东指，天下皆春；斗柄南指，天下皆夏；斗柄西指，天下皆秋；斗柄北指，天下皆冬”。远古时代没有像现在这么方便的日历，人们就用观察斗转星移的办法估测一年四季。

大熊座ζ星在中国古代称为开阳星。仔细观察就会发现，开阳星旁边很近的地方还有一颗暗星——大熊座 80 号星。我国古人看它总在离开阳星很近的地方，像是开阳星的卫士，因此称它为辅（它的西方名称为 Alcor，源于阿拉伯语，意思是骑手，西方人把大熊座ζ星看作马）。肉眼看上去，开阳星和辅似乎构成

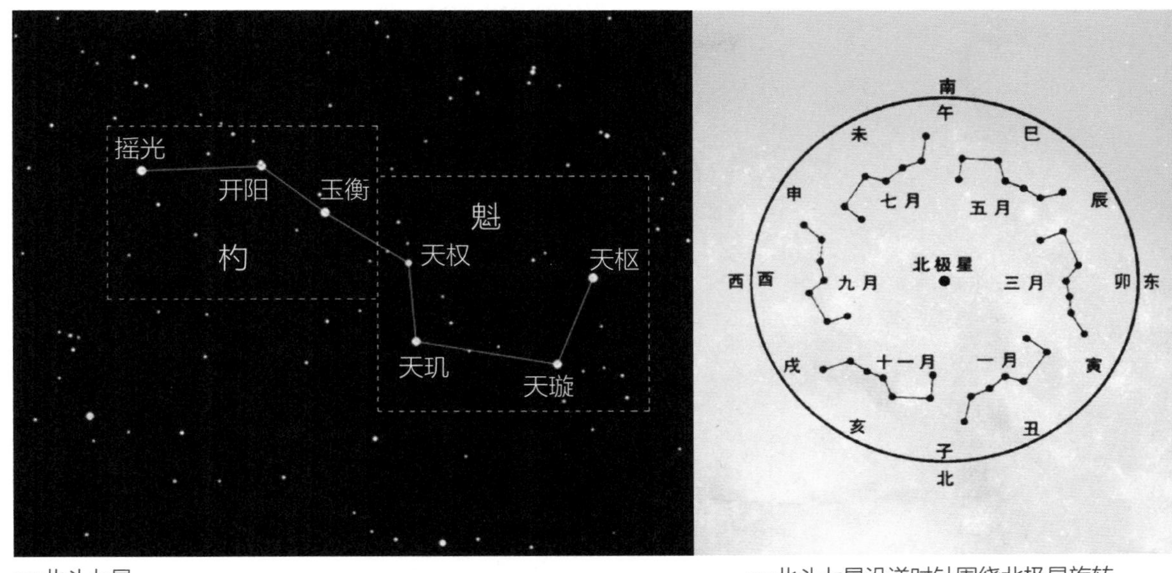

北斗七星

我国古人把这七星连起来，想象成舀酒的斗。

北斗七星沿逆时针围绕北极星旋转（周年视运动）示意图

从斗柄的指向可判断季节。

了一对双星。天文观测表明，在恒星世界中，像我们太阳这样的单恒星是不多的，双星是恒星世界非常普遍的现象。

后来，通过先进的大型望远镜观测发现，开阳星实际上是一个由 7 颗星构成的复杂的恒星系统，称为七合星。在这个系统中，每对双星由引力相互结合，它们彼此靠近、互相吸引、互相绕转。

2 大熊座中的著名天体

星座中恒星的命名规则是：按照每颗星的亮度，从明到暗，每颗星依次由一个从 α 开始的希腊字母表示。当 24 个希腊字母用完后，接着再用阿拉伯数字表示。这种命名方法叫作拜尔命名法。例如，天鹅座最亮星就命名为天鹅座 α 星。肉眼可见的恒星大多有弗拉姆斯蒂德星号（如天鹅座 61），数字以赤经为序。变星用 R 以后的大写字母表示。对于深空天体（星云、星团、星系）则在数字序号前加 M、NGC、IC 等字母，分别代表梅西叶、星云星团新总表和索引星表。

大熊座里值得一看的目标数不胜数，这里仅列出一些大熊座较著名的梅西叶天体、类别及其视星等。

M81：星系，6.9 等。

M82：星系，8.4 等。

M97：行星状星云，9.9 等。

M101：俗称风车星系，7.9 等。

M108：旋涡星系，10.0 等。

M109：棒旋星系，9.8 等。

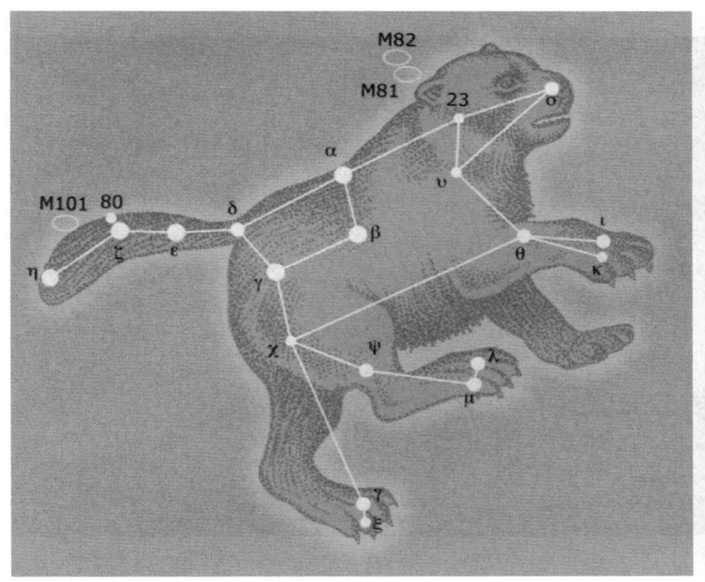

大熊座星象图

风车星系

大熊座中的 M81 和 M82 是两个非常著名的星系，它们之间的距离只有约 1 000 万光年。M81 拥有非常大的质量，因此它的引力场会对 M81 的演化产生很大影响。1774 年，德国天文学家波德首先观测到 M81 和 M82。波德对 M81 观测的印象是："一个云雾状斑块，多多少少有些发圆，其中部有浓密的核心。"他对 M82 则这样写道："云雾斑块，很暗淡，细长形。"法国著名天文学家梅西叶于 1781 年 2 月 9 日观测 M81 后记录道："在大熊的耳朵附近的这个星云呈卵圆形，中心很清晰，用普通的口径 3.5 英寸的望远镜看得很清楚。"他对 M82 则记录道："是个无星的星云，在上一个星云（指 M81）附近，两者可同时呈现在望远镜的视场中，但它不如上一个星云清晰，亮度暗，延伸成长形。"

M81 属于 Sb 型的旋涡星系，其大小和银河系差不多，质量是太阳质量的 2 500 亿倍。利用 M81 内的变星，天文学家测量出它和地球间的距离为 1 180 万光年，这是所有已知的河外星系中最精确的距离。通过大型天文望远镜可以很清晰地看出，M81 是一个旋涡星系特征非常鲜明的星系，它有一个很明亮的核心，那里聚集了大量较年老的恒星，有蜿蜒壮观、主要由年轻恒星构成的旋臂，还有绵延的黑暗尘埃带。另一项研究显示，在 M81 的核心隐藏着一个大质量黑

M81 和 M82

大熊座里美丽的大旋涡星系 M81（位于图中左方）是地球上用小型望远镜能看到的最为明亮的星系之一。图中右方色彩鲜艳的、缀着大型云气和尘埃云的是 M82。

M81 星系特写

洞。此外，有一条显著的直线状尘埃带从星系核心右下方径直穿过，暗示着它有一个不平静的过去。

M82 是一个位于大熊座的不规则星系，它距离我们约有 1 200 万光年，因其形状像雪茄烟，也被称为雪茄星系。一些科学家提出，M82 的内部发生的变

M82 星系特写

动会促使一些物质脱离星系，奔向宇宙空间，这种内部的力量很可能来自 M82 星系盘上的恒星。这些恒星吹出高速的由带电粒子组成的恒星风，这些粒子携带着星际物质突破了 M82 星系引力的束缚，形成壮观的超级星系风。M82 喷发出的物质不仅向着 M81 的方向扩散，而且向着背对 M81 的方向扩散。这股星系风的可探测范围长度达 1 万光年。

观测研究表明，在过去的数十亿年中，M81 和 M82 这两个巨大的星系一直在进行引力拉锯战，强大的引力对彼此都造成重大的影响，它们每次擦身而过要历时数亿年。由于 M82 所处的互扰星系[1]的特殊环境，它内部的恒星形成和死亡的速度特别快。因为自身和外部引力的作用，在 M82 内部，大质量恒星形成变得很容易，但是，这些大质量的恒星寿命都非常短，而它们死亡产生超新星，超新星爆发又把大量的物质抛射出去，为新恒星的诞生创造条件。估计在未来几十亿年内，这两个星系最终将合并成一个星系。

观测发现，大熊座 UGC 8335 是一对进行强烈相互作用的旋涡星系，如同两个牵手转圈的滑冰者。相互作用在两星系间建起了一条物质桥，并从两者外边缘扯出了两条气体和恒星组成的强烈弯曲的尾。两星系中心都有尘埃线。UGC 8335 距地球 4 亿光年。

此外，还有大熊座碰撞星系 Arp 148。它距离地球大约 5 亿光年，由一个环形星系和一个长尾状星系组成。这个环形星系是因星系相撞产生冲击波形成的。

旋涡星系 UGC 8335

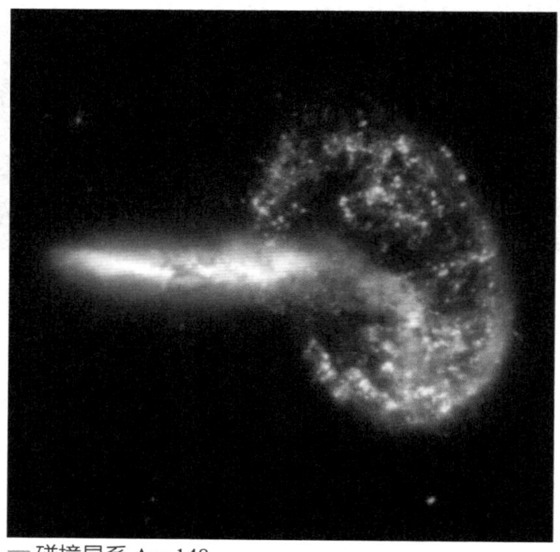

碰撞星系 Arp 148

[1] 互扰星系：彼此因引力互相干扰的星系。

3 旋转的星空

晴朗的夜晚，人们仰望星空就会发现，夜空中的星星随时都在运动之中。例如，西方地平线附近的星座逐渐沉入地平线下，东方地平线上会出现一些新的星座。其实，我国古人很早就认识到这种现象的原因了。我国古书上说“天左旋，地右动”，意思是天空里的日月星辰从东向西旋转是由地球自西向东转动造成的。

为了说明星空的这种运动，人们把星空想象为一个透明的、半径无限大的巨大球面，并称其为天球，星星就镶嵌在天球面上。**天球围绕着一根假想的轴线（天轴）每天旋转一周，这叫作天球的周日视运动。**产生这种现象的根本原因是地球的自转。这里需要说明的是，地球自转一周相对于恒星的实际时间周期大约是 23 小时 56 分，近似为 24 小时。

由于地球在自转的同时也在不断地围绕着太阳公转，因此，在同一地点每天同一时间观察，我们可看到恒星升起位置的季节性变化。

天轴（通过天球中心的假想轴）和天球交于两点，这两点叫作天极。在北天的叫北天极，在南天的叫南天极。由于天球的周日视运动，恒星各自沿着一个大小不等、互相平行的圆圈运行，这种圆圈叫作周日平行圈。距离天极越近，周日平行圈越小；距离天极越远，周日平行圈越大。**最大的周日平行圈距天极最远，**

叫作天赤道。天赤道和地平圈相交于两点。在东边的交点叫作东点（E），在西边的交点叫作西点（W）。距离东点（E）和西点（W）90° 的两点分别叫作南点（S）和北点（N）。位于天赤道上的恒星自东点升出地平线，在西点没入地平线

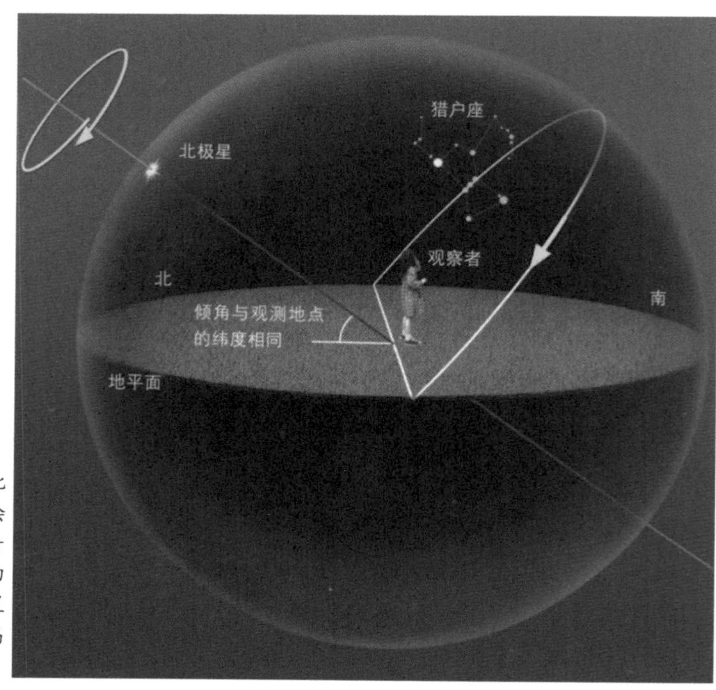

天球旋转与星座升落示意图

此图是按照观察者在我国北纬 35° 的中原地区的情况绘出的天球。由于地球是斜着自转的，因此天球旋转轴的倾角和观察者所能看见的星座随观察者所在纬度不同而不同。

在北京地区晚间九点左右看到的猎户座的位置每月变化示意图

下。由观察可以知道，天赤道以南的恒星从东点以南的方向升起，在西点以南的方向落下。恒星距离南天极越近，升出和没入地平线的方向越偏南。类似地，在天赤道以北的恒星在东点偏北的方向升出地平线，在西点偏北的方向没入地平线下。恒星距离北天极越近，升出和没入地平线的方向越偏北。

对于一个地处地理中纬度的观星者来说，有些离北天极很近的恒星，周日平行圈很小，在周日视运动过程中恒星一直在地平线上，它们永不没入地平线下，这些恒星叫作恒显星。相反地，有些离南天极很近的恒星，由于它们的周日平行圈很小，在一天当中，它们永不升出地平线上，这些恒星叫作恒隐星。而在天赤道附近的恒星，由于周日平行圈较大且与地平圈相交，一天当中，它们有时在地平线上（升），有时在地平线下（没），这些星叫作升没星。

天球上还有一个很重要的大圆圈，叫作子午圈，指的是在天球上通过天顶（观测者头顶）和南点、北点的大圆圈，又叫作天子午圈。我国古代用子表示北方，用午表示南方，子午圈意即通过正南方、正北方的圆圈。天文学上有一个概念叫中天，代表天体在周日运动过程中所经过的一个特定点，此时天体在最

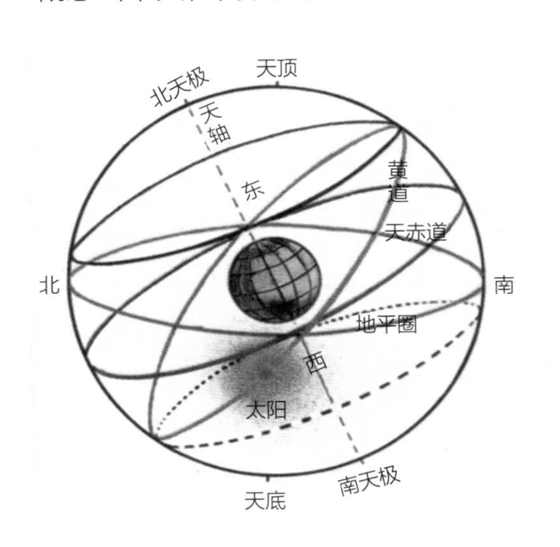

以地心为中心的天球上的点和圈示意图

图中整个大圆为子午圈，标示出了地平圈（标注了东、南、西、北）、天顶、天底、天轴、北天极、南天极、天赤道和黄道。

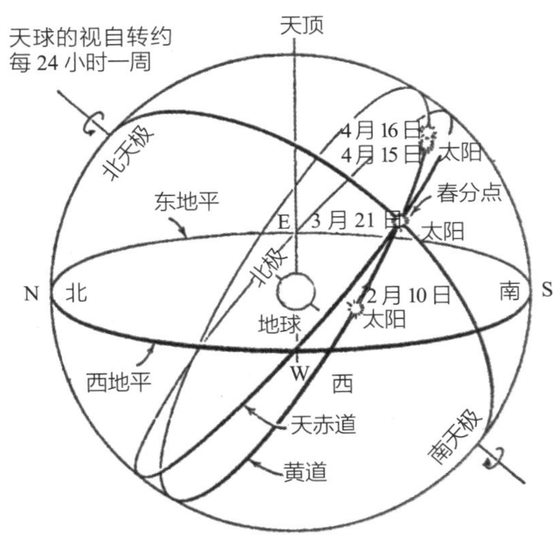

以地心为中心的天球示意图

图中所示有黄道、天赤道、地平、春分点、天顶、北天极和南天极。

接近天顶或天球的当地子午圈的位置。恒星在周日视运动过程中通过的天子午圈叫作中天，恒星离天顶最近的中天叫上中天，离天顶最远的中天叫下中天。恒星在上中天，意味着它位于它所运行的周日平行圈上离地平线最远的位置。

天上的日月星辰每天的东升西落是由地球自西向东的自转所造成的，也就是说，天球旋转的视觉效果是由于地球在不停地转动造成的。地球每天自转一周，转动的角度是 360°，若按每天 24 小时来划分角度可知，天球由东向西每小时旋转 15°，也就是说，太阳、月亮和星星每小时由东向西移动 15°。

星空这种均匀、周而复始、自东向西的运动对人类的生产和生活很有用处，它可以帮助我们测定准确的时间。人们发现，通过观测恒星的运动来测定时间比观测太阳的运动更精确、更稳定，于是诞生了用专门的望远镜观星测时的方法。其基本原理是，使用子午仪（又名中星仪）—— 一种特制的望远镜来观测恒星，该望远镜只能在从正南到正北方向的大圆（子午圈）上进行观测。天文学家在天球上确定了许多作为标准的亮星，每一颗亮星经过子午圈的时刻都可以推算出来，观测时的钟面时刻与推算时刻之差就是需要改正的钟差。一般采用一组多颗恒星反复测量，经过一套复杂的误差分析和归算，得到准确的钟差，再将改正后的准确时刻通过专门的发布系统公开发布，以供航海、航空或航天等部门核对钟表使用。

北京时间是全国通用的标准世界时间。1981 年之前，北京时间是从中国科学院上海天文台向外发播的。后来，国务院出于战略考虑，决定在内陆建立专门的时间发播系统。1981 年 7 月 1 日，发播北京时间的地点从中国科学院上海天文台转移到了中国科学院陕西天文台。中国科学院陕西天文台 2000 年更名为中国科学院国家授时中心，现在的北京时间就来自中国科学院国家授时中心。也就是说，北京时间是在西安临潼区中国科学院国家授时中心诞生，并通过 70 千米外的陕西蒲城长短波授时台发播出去的。

4 恒星离地球有多远

当一个人从某地行走到另一个地点时，他近旁的物体相对于远处背景来说，似乎移动了位置，这一现象称为视差。开普勒定律告诉人们，行星绕太阳的轨道是椭圆，太阳总是位于椭圆的一个焦点上。为了确定太阳系行星到地球的距离，天文学家在相距数百千米甚至数千千米的两个天文台同时进行测量。这样，一个天文台将会观测到某行星可能很靠近某一颗恒星；另一个天文台则可能观测到该行星离那颗恒星稍稍远了一些。在不同地点观察同一目标时发生的这种位置变化正是视差，根据视差角度的大小就可以算出这颗行星到地球的距离。说到这，也许有人马上会问："恒星距离地球有多远呢？"

让我们先从太阳说起吧。一般来说，以地球半径为基础，半径两端点相对于日面上的一点所张的角度就是太阳的视差，太阳视差的测量值约为 8.8 角秒[1]。根据这个数值并利用从测量得出的地球半径值，用三

[1] 角秒：又称弧秒，是量度角的单位，即角分的六十分之一，符号为"″"。

基线与视差示意图

角学公式就可以计算出日地距离。由于测量太阳视差值比较困难，所以天文学家通常通过测定已知运动规律的一颗小行星，如第 433 号小行星爱神星的视差，去推算太阳视差。

日地距离一般指的是太阳到地球的平均距离。1964 年，人们用上述视差法测得日地平均距离约为 1.496 亿千米。现代天文学家在上述方法的基础上，利用雷达测定金星到地球的距离，然后根据天体力学理论再推算出日地距离。1976 年，国际天文学联合会（International Astronomical Union，IAU）公布日地平均距离即 1 个天文单位为 149 597 870 千米，此数值于 1984 年正式开始使用。2012 年 8 月 30 日，国际天文学联合会发表决议，将天文单位的长度确定为 149 597 870 700 米。

古时候，人们误以为天上所有的恒星都位于相同的距离上，事实上若果真如此，人们就找不出其视差。后来，天文学家们采用这样的方法来观测恒星：某天文台先在春天再在秋天观测同一颗选定的恒星，在这段时间里，地球已绕太阳运行了半圈，因此相隔半年的两次观测实际上是该天文台在太空中相距 3 亿千米（地球公转轨道的直径）的两个位置上进行的。

在测量恒星的视差时，天文学家以日地距离为基线，用 π 来表示恒星的周年视差，某恒星周年视差 π 与地球到该恒星的距离 r 有三角关系：$\sin\pi=\frac{a}{r}$。其中 a 表示日地平均距离。

事实上，由于恒星距离地球非常遥远，所以 π 角很小（一般小于 1 角秒），在此条件下，可用其弧度值代替正弦值，即 $\pi=\frac{a}{r}$，$r=\frac{a}{\pi}$。

为了方便研究，天文学上通常使用光年或秒差距作为距离 r 的单位。**光年指的是光在真空中一年（约 31 556 926 秒）以光速走过的距离。秒差距是指从恒星角度看日地平均距离 a 的张角为 1 弧秒时恒星到太阳的距离，换句话说，恒星的周年视差为 1 角秒，即 1″，其到太阳的距离即为 1 秒差距，其符号为 pc。**

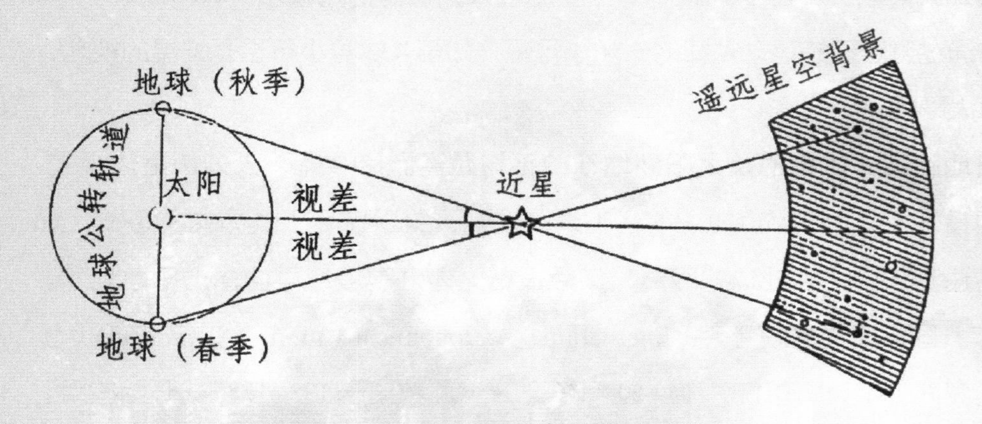

恒星视差测量示意图

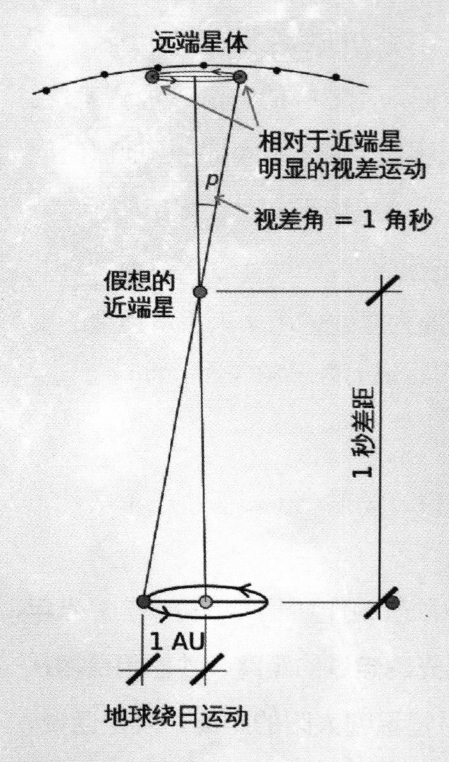

恒星视差运动

1 秒差距 = 3.085 68×10^{16} 米

1 光年 = 0.946 053×10^{16} 米

（光速 c = 299 792.46 千米 / 秒）

1 秒差距 = 3.261 光年

当研究更为遥远的恒星体系——星系时，常用千秒差距（1 000 秒差距）和兆秒差距（1 000 000 秒差距）为单位，缩写符号分别为 kpc 和 Mpc。

在波兰天文学家哥白尼的日心说问世以后，天文学家们在很长时期内没有测得任何恒星的周年视差，这主要是因为当时的观测精度不高，加上 π 角的数值很小。直到 1838 年，德国天文学家贝塞尔第一次实现了人们过去 300 年的梦想，首次测定了一颗恒星的视差。这颗星是天鹅座的暗星，即天鹅座第 61 号星，其视差值为 0.31 角秒，由此算出它到地球的距离约为 10 光年。

几乎与贝塞尔同时，英国天文学家亨德森测得半人马座 α 星[1]的视差为 0.75 角秒，约为天鹅座 61 号星视差（0.31 角秒）的 2.4 倍，因此它距离我们更近些。在这个时期，俄国天文学家斯特鲁维计算出织女星的视差为 0.26 角秒。尽管此值比今天的数值大了 1 倍，但在当时足以称得上很了不起的成就。织女星距地球 26.3 光年，是最靠近我们的恒星之一。

说到具体测量，天文学家只要拍摄到两张相距半年的待测恒星及背景星的照片，就可以根据恒星的视位移计算出三角视差值。在实测过程中，为了减少误差，往往需要经历几年时间，拍摄数十张照片进行归算。迄今为止，用这种方法总共求出了 8 000 多颗恒星的视差。

在观测实践中，天文学家们发现，对距离太阳 20 秒差距以内的恒星，三角视差法的测量精度很高；对距离 50 秒差距的天体，测量误差已同测得的视差值相差不多了；而远于 300 秒差距的天体，三角视差小到根本不能测出。后来，天文学家陆续找到了一些不同于周年视差测量法的其他测量手段，可用来测量更为遥远的天体的距离。

---

[1] 多年后发现它是由 3 颗恒星组成的三合星。

5 全天星座的划分

为了便于观察星空，人们按天球上恒星的自然分布划分了若干区域。这些区域大小不一，每一个区域称为一个星座。目前，世界上通用的全天 88 个星座的部分名称是从古罗马时代，甚至更早的古希腊时代沿用下来的，而古希腊人对星座的了解又部分来源于古巴比伦。许多星座名称含有有趣动人的神话故事，形成了一种独特的世界性文化遗产——星座文化。比如，夏夜星空中织女星附近的群星构成了一个菱形，看起来像织布的梭子，所以我国古时候把其中那颗最亮的星称为织女星，但古希腊人却把这群星想象成七弦琴的样子而称其为天琴座。冬夜星空中的主要标志是猎户座，其在古希腊神话中被视为万兽恐惧的狩猎高手，但在中国古代被视为白虎或是交恶两兄弟中的参，而在叙利亚则被视为巨人。还有，著名的北斗七星在我国古籍《诗经》中是一种舀酒的酒器，在山东武梁祠汉代的文物石刻上被描绘成天帝巡视天下坐的车，在民间则把它视为一种容器——斗。它在古希腊神话中则是大熊座中大熊的臀部与长尾。欧洲与美洲则视它为舀水的勺子。

据考证，早在公元前5000—公元前4000年，生活在美索不达米亚地区（现叙利亚东部和伊拉克境内）的苏美尔人主要靠放牧为生。那里的底格里斯河与幼发拉底河从西北流向东南，注入波斯湾，所以该地区又叫两河流域。牧羊者们一边看守羊群一边观察星空，他们把一些醒目的星星排列起来并想象成动物或人的样子，这就是星座。那时星座的用处并不多，被发现和命名的更少。黄道带上的12个星座据说最初是用来计量时间的，而不像后来用来代表人的性格。公元前1000年前后，已提出30个星座。后来这些关于星座的说法传到了古希腊等地，人们把它们同美丽的神话故事结合起来。

如果将苏美尔人的星空观察看作人类较系统地观测天象的开端，那么这种世代相传的天文观测绵延至今已有大约6 000年的历史。两河流域文化传到古希腊以后，推动了古希腊文化的发展。著名的古希腊天文学家喜帕恰斯（又译伊巴谷）等人对古巴比伦的星座进行了补充和发展，编制出了古希腊星座表。

古希腊天文学家喜帕恰斯在用十字尺观星

公元2世纪，古希腊天文学家托勒玫（约90—168年）综合当时的天文学研究成果编制了一个星表，里面有48个星座。当时，人们用假想的线条将星座内的主要亮星连起来，把它们想象成动物或人物的形象，结合流传的古希腊神话故事给它们起适当的名字，这就是星座名称的由来。古希腊神话故事中的48个星座大都居于北方天空。

托勒玫时代的48个星座是：小熊座、大熊座、仙后座、天龙座、仙王座、仙女座、御夫座、天鹅座、英仙座、牧夫座、武仙座、北冕座、天琴座、海豚座、飞马座、三角座、天箭座、巨蟹座、白羊座、双子座、宝瓶座、室女座、狮子座、金牛座、双鱼座、摩羯座、天蝎座、天秤座、人马座、小马座、小犬座、猎户座、天鹰座、蛇夫座、巨蛇座、长蛇座、鲸鱼座、南船座、天坛座、南冕座、豺狼座、大犬座、乌鸦座、南鱼座、天兔座、半人马座、波江座、巨爵座。

中世纪后期，欧洲产生资本主义萌芽，需要向外扩张，航海事业得到了很大的发展。船舶在大海上航行，随时需要导航。除

南十字座

了指南针以外，天上的星星就是最好的指路灯。而在星星中，有些星座的形状比较特殊，容易观察和记住，因此，星座受到了普遍关注。据说16世纪麦哲伦环球航行时，不仅利用星座导航定向，而且对星座中的各恒星开展了各种观测研究。

1597—1603年，荷兰探险家凯泽、豪特曼与德国天文学家约翰·巴耶尔陆续增添了14个星座，其中绝大部分用珍禽异兽的名称命名，它们是：天燕座、剑鱼座、天鹤座、水蛇座、南三角座、蝘蜓座、印第安座、凤凰座、苍蝇座、孔雀座、杜鹃座、飞鱼座、天鸽座和南十字座。

早在1600年开普勒从德国奔赴丹麦拜会著名天文观测大师第谷之前，第谷已经完成了一份包含约1 000颗恒星的精确位置的星表，他首次区分了狮子座和后发座。1690年出版的星图中增加了约翰尼·赫维留的9个星座：鹿豹座、猎犬座、蝎虎座、小狮座、天猫座、麒麟座、盾牌座、六分仪座、狐狸座。

1751年，法国科学院院士、天文学家拉卡伊（1713—1762年）增设了南天14个星座：唧筒座、雕具座、圆规座、天炉座、时钟座、山案座、显微镜座、矩尺座、绘架座、罗盘座、网罟座、玉夫座、望远镜座、南极座。此外，拉卡伊把巨大的南船座拆分为3个星座：船底座、船尾座和船帆座。

后来，有的人竟撇开传统的规矩，随心所欲地乱改、乱增加星座。例如，有人把自己国家皇帝的名字搬上天空，还有位天文学家拉朗德因为喜欢猫，竟在天上增设了一个家猫座。为了避免这种混乱的局面，1928年，国际天文学联合会召开国际大会，通过了一项决议，终止了乱设星座的做法。此次会议正式公布了国际通用的88个星座方案，同时规定，以1875年的春分点和赤道为观测基准。

根据88个星座在天球上的不同位置和恒星出没的情况，可将星座按区域大

德国文艺复兴时期著名画家丢勒（1471—1528 年）所绘的星图

星图绘出了黄道十二星座，图中的蛇夫座、牧夫座、御夫座、猎户座、人马座等星座人物显得非常生动和强悍。图的四角还绘出了那时的天文学家形象。

致划分成 5 类，即北天拱极星座（北极星附近的 5 个星座）、北天星座（19 个）、黄道十二星座（天球上黄道附近的 12 个星座）、赤道带星座（10 个）、南天星座（42 个）。这些星座所占据的天区有大有小，所包含的恒星有多有少，但只要知道了某一颗恒星属于哪个星座，就可以很方便地在夜空中找到它。

以下是全天 88 个星座的具体分布情况。

北天拱极星座（5 个）：

小熊座、大熊座、仙后座、天龙座、仙王座。

北天星座（19 个）：

蝎虎座、仙女座、鹿豹座、御夫座、猎犬座、狐狸座、天鹅座、小狮座、英仙座、牧夫座、武仙座、后发座、北冕座、天猫座、天琴座、海豚座、飞马座、三角座、天箭座。

黄道十二星座（12 个）：

巨蟹座、白羊座、双子座、宝瓶座、室女座、狮子座、金牛座、双鱼座、摩羯座、天蝎座、天秤座、人马座。

赤道带星座（10 个）：

小马座、小犬座、天鹰座、蛇夫座、巨蛇座、六分仪座、长蛇座、麒麟座、猎户座、鲸鱼座。

南天星座（42 个）：

天坛座、绘架座、苍蝇座、山案座、印第安座、天燕座、飞鱼座、矩尺座、剑鱼座、时钟座、杜鹃座、南三角座、圆规座、蝘蜓座、望远镜座、水蛇座、南十字座、凤凰座、孔雀座、南极座、网罟座、天鹤座、南冕座、豺狼座、大犬座、天鸽座、乌鸦座、南鱼座、天兔座、船底座、船尾座、罗盘座、船帆座、玉夫座、半人马座、波江座、盾牌座、天炉座、唧筒座、雕具座、显微镜座、巨爵座。

1660年荷兰出版的塞拉里乌斯所绘的《和谐大宇宙》星图之一

星图展示了天球北半球偏右对着我们的星座形象。图的中央偏左是以狮子座为代表的春季星座，右下边是以天蝎座为代表的夏季星座，中央偏右为冬季星座，图中央偏上绘出了大熊座、鹿豹座、天龙座、仙王座和仙后座等星座形象。有趣的是，图中的仙王是戴着头巾的阿拉伯国王的形象，牧夫的着装被描绘为北欧风格，但没有牵着猎犬，黄道上巨蟹座恢复为过去的虾的形状。星图四周的装饰图案除有云海中的小天使外，还有使用天球仪、星盘和十字标尺进行天文观测的人物。

塞拉里乌斯所绘的《和谐大宇宙》星图之二

星图展示了天球的南半球偏右对着我们的南天球星座形象。图的中央是秋季星座，右边为冬季星座，左边为夏季星座。星图四周的装饰图案除有云海中的小天使外，还有使用望远镜、星盘进行天文观测的人物。需要说明的是，图中南天极周围，巴耶尔星图所追加的天燕座、蝘蜓座、剑鱼座、天鹤座、水蛇座、印第安座、孔雀座、凤凰座、南三角座、杜鹃座、飞鱼座和苍蝇座12个新星座都被绘于其上。

塞拉里乌斯所绘的《和谐大宇宙》星图四周的装饰图案——用十字标尺进行天文观测的人物

塞拉里乌斯所绘的《和谐大宇宙》星图四周的装饰图案——用望远镜进行天文观测的人物

塞拉里乌斯所绘的《和谐大宇宙》星图四周的装饰图案——云海中可爱的小天使形象之一

塞拉里乌斯所绘的《和谐大宇宙》星图四周的装饰图案——云海中可爱的小天使形象之二

弗雷德里克·德·威特在 1670 年绘制的星座图

中间下图是哥白尼的日心体系，右上角是第谷的宇宙体系。

PISCES
AQUARIUS
Cetus, Balena
ARIES
HYPOTHESIS TYCHONICA
Piscis notius
Phœnix
Grus
TAURUS
Fluvius Eridanus
Orion
Hydra
Colomba Noe
Lepus
Pavo
Corona australis
Apous Indica
SAGITTARIUS
Cameleon
Canis maior Sirius
GEMINI
Musca
Canicula Procyon
SCORPIUS
Ara, Thuribulum
Argo Navis
CANCER
Centaurus
Hydra
LIBRA
Crater
LEO
Corvus
VIRGO
MOTUS TERRÆ ANNUI CIRCA SOLEM

6

黄道星座与黄道十二宫

人们通过观察恒星，可从地球上确定太阳的视运动。太阳每天在恒星背景上缓慢地移动着位置，其方向与地球公转方向相同，即由西向东，也是一年移动一周天，这就是天文学上所说的太阳周年视运动。**太阳周年视运动在天球上的轨迹就是黄道。换句话说，地球公转轨道平面无限扩大而与天球相交的大圆就是黄道。**

黄道的表示法与地球赤道的地理坐标类似。我们知道，地球赤道在东西方向上用经度划分表示，以英国格林尼治天文台为起点的本初子午线经度为 0°。由此向东为东经，从东经 0° 到东经 180°；向西为西经，从西经 0° 到西经 180°。东、西经 180° 重叠在一起。黄道在天球的东西方向上用黄经来表示，从东往西一圈为 0° ～ 360°，且规定黄道与天球赤道的交叉点——春分点为起点，即黄经 0°。太阳在黄道上运动，每天由西向东在黄道上移动不到 1°。

人们白天虽然看不见星座，但是有办法知道太阳表观上在从一个星座移向另一个星座，并且由星空变化知道太阳每一年“转”一个大圈儿。所以说，黄道是地球公转轨道在星空中的投影。

人们因地球的公转而看到太阳在黄道上移动。观测表明，其他行星绕太阳公转的轨道与地球公转轨道之间相交成一个不大的角度，换句话说，**各颗行星与黄道之间相交成一个不大的角度，称为轨道倾角**。太阳系 8 颗行星中，轨道倾角最大的是水星，达 7°，其余行星轨道倾角一般都在 1° ~ 3°。这表明，不论行星移动到了什么地方，它们在星空中的位置永远在黄道两侧不远的天空范围内，它们经常在某些黄道星座里出现或经过，从不到其他星座里去。黄道两侧各 8°、共 16° 宽的天区称为黄道带。黄道带是日、月、五星等天体出没的场所，可谓日、月、五星经天而行的走廊。

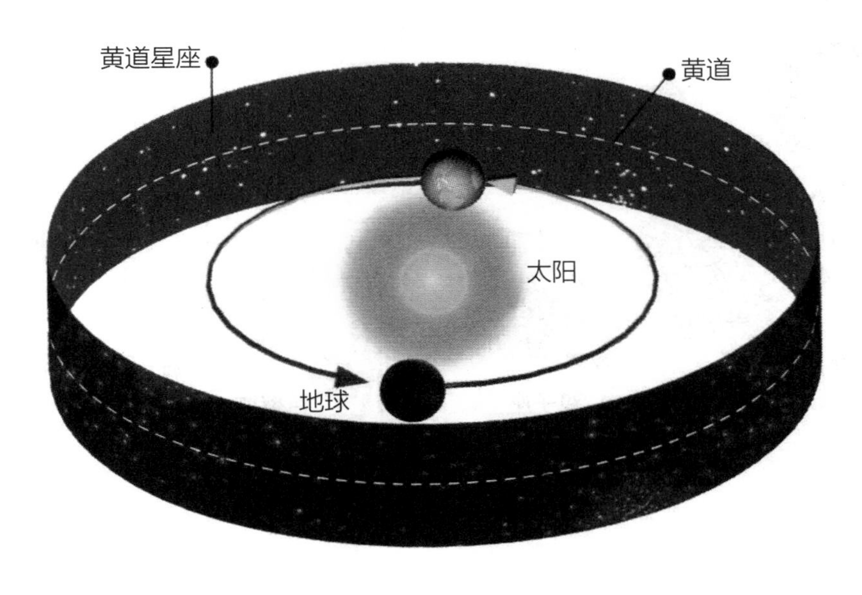

黄道带示意图

西方古代把黄道经过的那些恒星划分为 12 个星座，称为黄道十二星座。事实上，黄道经过的星座是 13 个，那个多出来的是黄道经过的蛇夫座的一小部分，但考虑到一年 12 个月，人们还是决定采用 12 作为黄道星座的数量。它们的次序为白羊座、金牛座、双子座、巨蟹座、狮子座、室女座、天秤座、天蝎座、人马座、摩羯座、宝瓶座和双鱼座。黄道星座名称经过多次变迁，很多与神话有关，多数以动物名称命名。

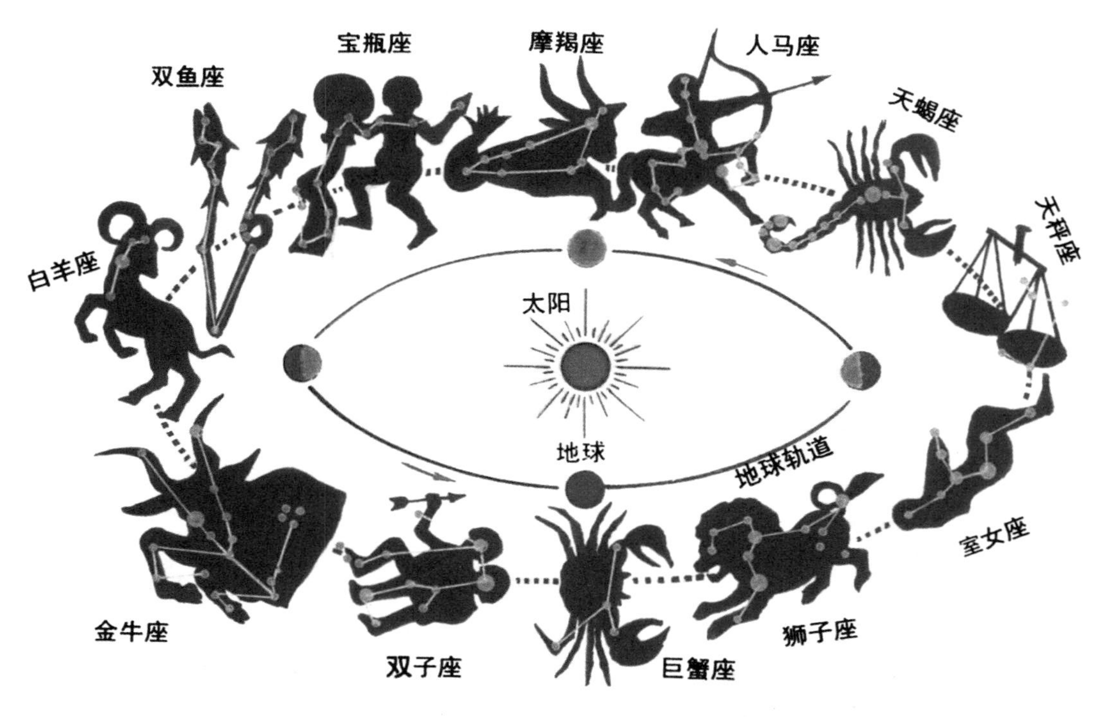

地球的公转与黄道十二星座示意图

而黄道十二宫则是黄道带上人为划分的十二个均等区域，即人们以太阳为中心，将地球围绕太阳所经过的轨迹（黄道）每 30° 分成一段，总计分成 12 段，称为黄道十二宫。

黄道十二宫简表

宫 名	黄经度	太阳进入日期
白羊宫	0° ~ 30°	3月21日
金牛宫	30° ~ 60°	4月20日
双子宫	60° ~ 90°	5月21日
巨蟹宫	90° ~ 120°	6月22日
狮子宫	120° ~ 150°	7月23日
室女宫	150° ~ 180°	8月23日
天秤宫	180° ~ 210°	9月23日
天蝎宫	210° ~ 240°	10月24日
人马宫	240° ~ 270°	11月23日
摩羯宫	270° ~ 300°	12月22日
宝瓶宫	300° ~ 330°	1月20日
双鱼宫	330° ~ 0°	2月19日

需要说明的是，在两千多年前，当时黄道十二宫与黄道十二星座的位置基本上一一对应，即白羊宫与白羊座对应、金牛宫与金牛座对应、双鱼宫与双鱼座对应……之所以说“基本上”，是因为黄道十二宫虽说是参考黄道十二星座的名字命名的，但毕竟规定了每个宫一律长30°，而黄道星座却是有长有短的。那时，春分点在白羊宫，被称为白羊宫第一点，也就是太阳刚开始进入白羊宫的第一点。因为宫与星座基本对应，春分点自然也是在白羊座内。

后来观测发现，由于岁差的原因，春分点在黄道上向西移动。这是因为地球并非正球体，而是一个旋转的椭球体，赤道半径比极半径要长21千米多；另外，地球的赤道面与黄道面之间有个角度，平均是23.5°，于是像地球这样的一个天体好似一个旋转的陀螺，在日、月和行星引力的作用下，自转轴的指向就会发生变化，即所谓的地轴进动。这种被称为岁差的变化是非常慢的，周期大约是 25 800 年。

岁差引起春分点沿黄道每年向西移动约 50.2″，这是一个很小的角度。打个比方：我们手表上的秒针 1 分钟就在表面上转 1 圈，每秒钟转过 1 小格，即圆周的 1/60，一个圆周是 360°，秒针每秒钟就转过了 6°。由于岁差而使春分点在黄道上大约每 7.17 年向西移动很不显眼的 6′。但从历史角度看，岁差的影响是不小的，从古希腊到现在的两千多年当中，春分点已经在黄道上向西移动了约 30°。所以说，在两千多年前，由于宫与星座基本上一一对应，作为白羊宫第一点的春分点，自然也同时在白羊座内；两千多年过去了，岁差现象使白羊宫随着春分点向西移了约 30°，而同名的黄道星座恒星的位置并没有变，这样，白羊宫就脱离了白羊座，它现在大致与白羊座西面的双鱼座对应。

原先规定的春分点当然在白羊宫，仍是十二宫的第一宫，这没有变化，但春分点实际上在双鱼座内。因此，我们现在可以从春分点所在的双鱼座历数黄道十二星座，其次序分别是：双鱼座、白羊座、金牛座、双子座、巨蟹座、狮子座、室女座、天秤座、天蝎座、人马座、摩羯座、宝瓶座。

总而言之，黄道十二星座与黄道十二宫是两个不同的概念。**黄道十二星座仅仅是星空的划分区域，而黄道十二宫与太阳视运动和历法节气等有关。**

下面作简单的说明：

（1）人为规定黄道十二宫的每一个宫，在黄道上范围一律固定为 30°，而黄道每个星座的跨度则是各不相同的。

（2）黄道十二宫的名称、星象图形与相应的黄道十二星座一致，但黄道十二宫并不等于黄道十二星座。

（3）黄道十二宫各有国际统一的符号，其相应的黄道十二星座乃至全部 88 个星座都没有规定的天文符号。

（4）黄道十二宫用来表示太阳在黄道上的位置及运行情况，因此，太阳进出每个宫的日期及相应的节气都有明确的规定。由于我们现在使用的公历年的长度有平年 365 日和闰年 366 日两种，平均是 365.242 20 日（365 日 5 时 48 分 46 秒），太阳进入宫的日期逐年会有 1 天（或者说大约 1°）左右的差别。

（5）黄道十二宫中白羊宫、巨蟹宫、天秤宫和摩羯宫这 4 个宫各自的第一点，也就是太阳进入该宫瞬间的位置，是太阳在黄道上的特殊位置。例如，白羊宫第一点是黄道与天球赤道的两个交点之一，太阳在黄道上由南向北经过这一点时，为春分，此后，太阳位置从南天移到了北天。太阳到达巨蟹宫第一点时，也就是处于黄道的最北点上时，为夏至，这时太阳的赤纬最高，并从此开始在黄道上由北向南移动。

7 中国古代星空划分

为了便于说明研究对象在天穹上的位置，人们自古以来就把天空划分为若干区域。中国古代星空划分和命名方式十分独特，其体系是在传统的天人合一文化理念基础上建立起来的。我国早在春秋战国时代就把星空划分为三垣（yuán）、四象和二十八宿。三垣靠近拱极区（北天极区域），它们是紫微垣、太微垣和天市垣。四象则在赤道和黄道区域。黄道及其附近的星空分为 28 个大小不等的星区，称为二十八宿或二十八舍。

古代星座——星官与三垣

司马迁不仅是著名的文学家、史学家，还是汉朝的太史令，是一位天文学家。中国科学院自然科学史研究所的薄树人研究员曾在《自然杂志》（1981 年第 9 期）发表题为《司马迁——我国伟大的天文学家》的论文。在文中，薄树人先生不但指出了司马迁在天文学上的具体贡献，而且着重研究了他的天文学思想，从中分析出在天人感应的星占术背景下，我国古代天文学家是如何不断总结出新的科学规律的。司马迁的《史记》中有一部分称为《天官书》，其对星座的认知为“此天之五官坐位也”。汉语中星座这个词最早正式出现于唐代司马贞所编的《史记索隐》一书，书中有这样的文字：“星座有尊卑，若人之官曹列位，故曰天官。”

我国古人为了便于认星和观星，把若干颗恒星分成一组，每组用地上的一种事物命名，这样的一组恒星称作星官。每个星官包含的恒星数量不同，最少的只有 1 颗星，如“天狼”，最多的有 45 颗星，如“御林军”。三国时期吴国的太史令陈卓综合前人的知识，编制了一个包含 283 个星官、总计 1 464 颗恒星的星图。

我们的祖先把人间帝国的建制搬上了天空。古人把星空想象成一幅巨大的天上人间图像，天上有城市、村庄、山川、原野。古人用星星代表人世间的万事万物——从宫殿到粮仓，从城市设施到政府机构，从兵营到集市，即将星空视为一个自成一体的社会。例如，人们看到群星围绕着北天极转动，则认为北极代表天帝，统治着整个星空帝国。正如孔子在《论语·为政》中所说：“为政以德，譬如北辰，居其所而众星共之。”意思是，统治者如果实行德治，群臣百姓就会像群星围绕北辰一样拥护统治者。其实，这也正是天人合一理念的生动写照。

我国古代所说的星空三垣，指的是环绕北天极附近的三个星区，即紫微垣、太微垣和天市垣。每个星区都有东西两藩的星，左右环列，形如墙垣，故称为垣。下面分别介绍。

紫微垣，位居北天中央，故又称为中宫或紫微宫，紫微宫即皇宫的意思。古代天文学家把它看作天上的皇宫。紫微垣各星多数以帝族和朝官的名称命名，除天帝、天帝内座、太子等居中外，其余以天北极为中枢，东、西两藩共有主要亮星 15 颗，状如两弓相合，环抱成垣。东藩八星由南起，名为左枢、上宰、少宰、上弼、少弼、上卫、少卫、少丞；西藩七星由南起，名为右枢、少尉、上辅、少辅、上卫、少卫、上丞。但这些名称常因各朝代官制不同而改变。紫微垣所占天区相当于拱极星区，内含 37 个星官，有 344 颗恒星，大约对应于现今国际通用的大熊座、小熊座、天龙座、鹿豹座等星座。

太微垣，位于紫微垣的东北方、北斗七星的南方。太微即朝廷的意思，星名亦多用官名命名，如大执法、上相、次将等。它以五帝座为中枢，东藩四星由南起为东上相、东次相、东次将、东上将，西藩四星由南起为西上将、西次

将、西次相、西上相。南藩二星东为左执法，西为右执法。中、上两垣俨然是一个天上的小朝廷，将、相、宰、辅、尉、丞、执法等文武官员无所不有。太微垣内含 20 个星官，有 178 颗星，相当于现今国际上通用的室女座、后发座、狮子座等星座的一部分。

天市垣，位于紫微垣的东南方。天市即天上的集贸市场，星名多用货物、量具、市场等命名，地名也用得特别多：东有宋、南海、燕、东海、徐、吴、越、齐、中山、九河、赵、魏，西有韩、楚、梁、巴、蜀、秦、周、郑、晋、河间、河中，简直就像一幅天上的地图。天市垣相对更接近夏秋时的银河区域。天市垣内含 19 个星官，有 224 颗恒星，相当于现今国际通用的武仙座、巨蛇座、蛇夫座等星座的一部分。

四象和二十八宿

“宿”或“舍”均有停留的意思，因为二十八宿沿黄道带分布，相较日、月、五星，二十八宿是“固定”的，所以古人选择以二十八宿为坐标观测日、月、五星运行的位置。我国历代历法即以此为基础。

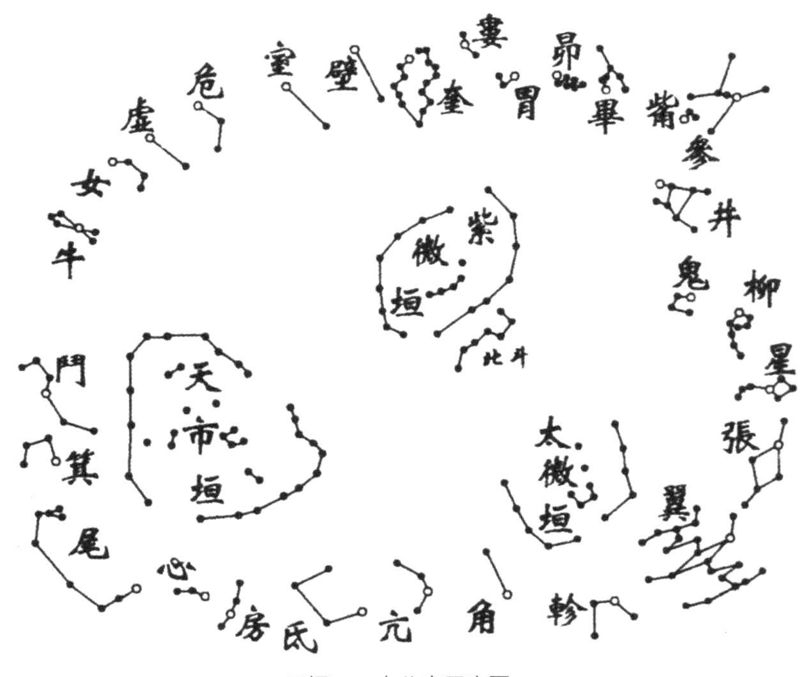

三垣、二十八宿示意图

二十八宿的名称从角宿开始，共划分为四组，即四象，每一象有七宿。二十八宿以春季黄昏所见各星方位划分为四象：东方为苍龙之象，南方为朱雀之象，西方为白虎之象，北方为玄武[1]之象。它们按逆时针方向排列如下：

东方苍龙：角、亢、氐、房、心、尾、箕。

北方玄武：斗、牛、女、虚、危、室、壁。

西方白虎：奎、娄、胃、昴、毕、觜、参。

南方朱雀：井、鬼、柳、星、张、翼、轸。

二十八宿在天空的分布疏密不均，各宿的区域大小相差也很大，最大的井宿所占的赤经范围约33°，最小的觜宿只占1°。

四象的划分是以古代春分前后黄昏时的天象为依据的。此时，朱雀七宿正好位于南中天，它的东面是苍龙七宿，西面为白虎七宿，遥相对应于北方天空的是玄武七宿。此时苍龙七宿中的房宿处在东方地平线附近，白虎七宿中的昴宿处在西方地平线附近，玄武七宿中的虚宿处于北方的地平线下。东汉时著名天文学家张衡曾在《灵宪》一书中形象地写道："苍龙连蜷于左，白虎猛踞于右，朱雀奋翼于前，灵龟圈首于后。"

随着地球不停地围绕太阳公转，星象也随着季节周而复始地转换。每到冬春之交的傍晚，苍龙抬头显现；春夏之交的傍晚，玄武升起；夏秋之交的傍晚，白虎露头；秋冬之交的傍晚，朱雀上升。

汉代瓦当四象图

从左至右依次为东方苍龙、西方白虎、南方朱雀和北方玄武之象。

---

❶ 玄武指的是蛇缠龟。

河南省南阳出土的东汉画像石

一般认为，有关二十八宿的记载最早见于《史记》。1978 年，考古学家在湖北随州战国曾侯乙墓中，发现了绘有二十八宿图像的漆箱盖，这是迄今为止发现的最早的关于二十八宿的实物例证。还有，河南省南阳出土的东汉画像石上面绘有虎象星图，图的左部绘有参宿三星和下面的伐星，参宿被画成一只正在奔跃的老虎。我国民谚素有“三星高照，新年来到”之说，指的就是参宿三星，其代表了福、禄、寿。

在实践中，古人认识到，季节的变化和太阳所处的位置有关，星象在四季中出没早晚的变化反映着太阳在天空中的运动，但直接测定太阳的位置又难以办到，于是，古人想出了间接的办法，这就是由月球所处的星象位置去推算太阳所处的位置。月球围绕地球运转一周是 27 天多（即相对于恒星运动的恒星月），恰好约一天经过一宿。可见，二十八宿的创设是天文学的创新，使古代天文学前进了一大步。

苏州石刻天文图

我国宋代时期进行了 5 次恒星位置测量。南宋太学博士黄裳利用这 5 次测量的结果，绘制出一幅“天文图”，其类似今天的全天星空图，并于南宋淳祐七年（1247 年）时由王致远刻制成石碑，竖立在苏州的文庙。这就是著名的苏州石刻“天文图”。这也是现存世界上最早的大型石刻实测星图。

石刻天文图高约 2.16 米，宽 1.06 米，碑额刻有“天文图”三个字。整个石刻天文图分为上下两部分：上半部是一个圆形的星图，星图直径约 91.5 厘米；下半部是文字说明，概略叙述天文基础知识。该图以天球北极为圆心，画出 3 个不同直径的同心圆。内圆称为内规，直径 19.9 厘米，是北纬约 35° 地方的恒显圈。中圆为天球赤道，直径 52.5 厘米。外圆称为外规，直径 85 厘米，相当于当地恒隐圈。外圆又绘有两个同心圆，两圆间交叉密注与二十八宿相配合的十二辰、十二次和州、国分野等各 12 个名称。全图共刻恒星 1 434 颗，有银河带斜贯星图，黄道为一偏心圆，与赤道相交于奎宿和角宿范围内的两点。

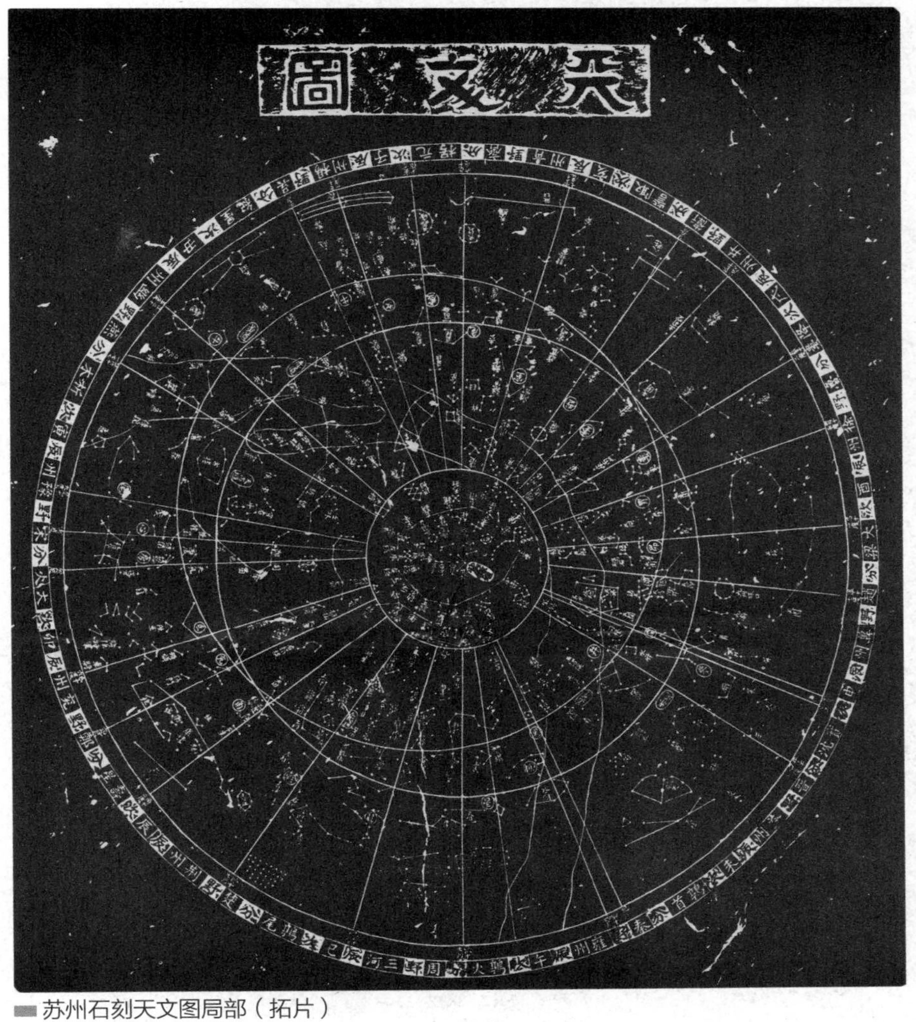

苏州石刻天文图局部（拓片）

第二章

恒星的特性

1 恒星并非恒定不动

几千年来，人们一般认为恒星是恒定不动的，即各个星座的图形好像永久地镶嵌在天球上。其实，宇宙间一切物体都处在运动变化之中，恒星当然也不例外。

据有关学者考证，公元 8 世纪初，我国唐代的高僧、天文学家一行曾经把所测得的恒星位置与汉代星图相比较，发现有些恒星的位置略有变化。一行当时对此现象未作出解释。1717 年前后，英国天文学家哈雷在研究比较托勒玫星表记载的恒星位置时，发现天狼星、大角星等亮星位置有明显的位移变化。1783 年，英国的赫歇尔考察了天狼星、北河二、北河三、南河三、轩辕十四、大角、河鼓二这 7 颗恒星的自行❶，并根据数年以前哈雷关于恒星有自行、太阳本身也可能在空间运动的见解，经分析研究发现，上述 7 颗星的视位移有一致的倾向，反映了太阳存在向武仙座方向的本动❷。

---

❶ 自行：恒星和其他天体在垂直于观测者视线方向上的角位移或单位时间内的角位移量。

❷ 本动：在银河系天文学中，本动指天体（通常是恒星）通过空间的运动。

在同一年，赫歇尔又利用当时已测得的 14 颗恒星的赤经自行和赤纬自行资料，求出太阳本动的向点位于武仙座 λ 星旁边的天琴座里，与现代测定出的向点在方向上误差不到 10°。

天文观测表明，恒星的确存在着上述的空间运动，其方向各不相同，它们当中有的向东，有的向西，有的远离太阳，有的在接近太阳。恒星的空间运动速度可分解为两个分量：在观测者视线方向（向前或向后）的称为视向速度，用 V_r 来表示；另一个与视线方向垂直的称为切向速度，用 V_t 表示。如果求得了这两个速度分量，便可用公式 $V=\sqrt{(V_r^2+V_t^2)}$ 求出恒星相对于太阳的空间运动速度 V。恒星在垂直于观测者视线方向上的运动分量比较容易看出，它表现为恒星每年在天球上位置的改变，即恒星的自行。那么，人们怎样才能知道恒星是向着还是背着观测者视线方向运动呢？

我们可以从生活中的现象说起。例如，当远方一列拉响汽笛的火车向我们奔驰过来时，其声音尖锐刺耳，声音越来越响；当火车头呼啸而过，声音会立刻变得很粗钝了。这种现象就是物理学上所称的多普勒效应。1842 年，奥地利物理学家多普勒研究指出：当声源和观测者有相对运动时，观测者听到的声音会发生变化，即声源接近时声音变得尖了（频率变高），远离时声音则变钝（频率变低）。

天文学家在仔细观察恒星光谱时发现，许多恒星的同一条谱线并不在相同的位置上。根据多普勒效应研究分析恒星谱线位移，人们终于认识到恒星谱线波长的变化（表现为谱线位移）是由于恒星和我们之间有视向的相对运动。

法国物理学家菲佐于 1848 年指出了移动光源的光谱特性，他指出：光源后退时，光谱线应向红端移动（简称“红移”）；光源靠近时，光谱线应向紫端移动（简称“紫移”）。20 年之后，测量仪器终于发展到能够进行这种分析。天文学家通过测定恒星光谱线的红移或紫移的程度，可计算出恒星远离或趋近我们的速度，即视向速度。1868 年，英国天文学家哈金斯首先测得天狼星以 46.5 千米 / 秒的速度远离我们（后来知道实际值为 8 千米 / 秒）。1890 年，美国天文学家基勒测出大角星以约 6 千米 / 秒的速度趋近我们（后来测得实际值为 5 千米 / 秒）。

迄今为止，已测出视向速度的恒星约有 30 000 颗，大多数恒星的视向速度为 –20 ～ 20 千米 / 秒（负数表示恒星在靠近我们，正数表示恒星在远离我们），有些恒星的视向速度较大，超过 500 千米 / 秒。下表列出了 10 颗亮星的视向速度。

由于恒星都有自行，所以北斗七星组成的图形也是在变化的。观测表明，这 7 颗恒星距离地球 60 ～ 200 光年，它们各自运行的方向和速度不同。7 颗星大致朝两个方向运行：摇光和天枢朝一个方向，其他 5 颗基本朝另一个方向。根据它们运行的速度和方向，天文学家们已经算出，它们在 10 万年前组成的图形和 10 万年后形成的图形都与现在的图形大不一样。大约 10 万年以后，人们就看不到这种斗柄斗勺的形状了。

现在人们已测出了大约 30 万颗恒星的自行，其中大部分小于 0.1 角秒 / 年。

10 颗亮星的视向速度

星名	视向速度	星名	视向速度
天狼星	+8 千米 / 秒	大角星	–5 千米 / 秒
老人星	+20 千米 / 秒	参宿七	+24 千米 / 秒
南门二	–22 千米 / 秒	南河三	–3 千米 / 秒
织女星	–14 千米 / 秒	牛郎星	+26 千米 / 秒
五车二	+30 千米 / 秒	毕宿五	+54 千米 / 秒

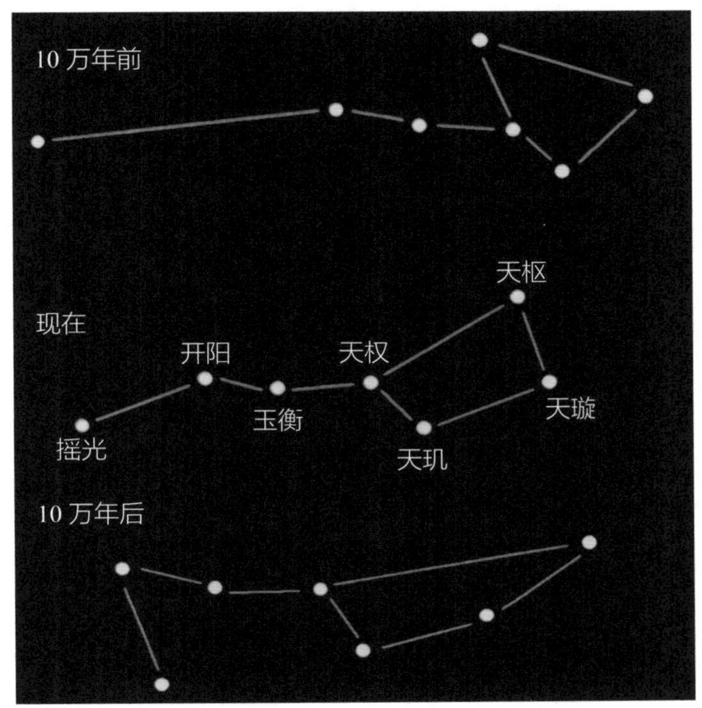

北斗七星的变化示意图

自行大的恒星一般表征它离我们很近，如大角星的自行为 2 角秒 / 年，半人马座 α 星的自行是 3.7 角秒 / 年。有趣的是，1916 年，美国天文学家巴纳德发现御夫座一颗 10 等暗星的自行达到 10.31 角秒 / 年，故人们称其为飞星，并以巴纳德的名字将它取名为巴纳德星。

太阳的运动完全可以通过研究邻近恒星的视向速度推断出来，亦即我们前方的那些恒星倾向于具有朝向我们的视向速度，我们后方的那些恒星倾向于具有退行的视向速度。太阳作为银河系中一颗普通恒星，它与其他恒星一起绕银心（即银河系中心，在人马座方向）转动，其速度约为 250 千米 / 秒，太阳绕银心公转一周需要约 2.5 亿年。

2 恒星的颜色与温度

当我们用肉眼观察恒星时，发现它们大多数为白色，但有一些星星颜色发红，格外引人注意，如夏夜星空中的心宿二（天蝎座 α 星）、冬夜星空中的参宿四（猎户座 α 星）。还有一些星星呈蓝色、黄色和橙色等。恒星为什么会有各种不同的颜色呢？解决这个问题要用到光谱分析法。

众所周知，天文学研究主要以各种天体为对象，即观测研究来自天体的信息。可见光是人们最早、最容易接收到的天体信息。19 世纪初，法国人尼埃普斯和达盖尔合作发明了照相术。从 19 世纪 40 年代开始，由于照相术的发展，人们基本上不再只靠眼睛来测定每一颗恒星的位置了。天文学家用望远镜和照相机拍下一张恒星视场[1]的照片，就可把那一部分星空永远“固定”下来，建立星星的“档案库”，供后人研究。此外，天文学家还拍到了黑子照片、日冕照片和彗星照片等。事实上，人们对宏观的恒星世界和微观的原子世界的认识，主要是靠光谱技术得到的。

自天文望远镜问世以来，天文学最重要的技术革命应当说是天体的光谱分析。分光镜及摄谱仪的问世开创了天文研究的新局面。这时，人们发现，望远

---

❶ 视场，又称像场，指一个天文观测装置在指向固定时所能观测到的天区大小。

镜的功用不过是收集足够多的光线而已，许多关键性的工作要由摄谱仪来完成。后来，天文学家们常把望远镜、分光镜和照相机结合起来，即把分光镜与望远镜相连接，再把照相机连接到分光镜上，拍摄天体的光谱，再根据观测结果和所摄光谱照片，研究和识别不同天体的光谱。借助分光镜，除了鉴别太阳和恒星的化学组成外，还能进行其他工作，比如可以了解恒星大气的成分、天体运行速度及方向、天体的温度、天体是否有自转、天体是否有磁场等。

英国天文学家哈金斯深入地开展了恒星光谱分析工作。1859 年，他在口径 20 厘米的折射式天文望远镜上设置了分光仪器，开展恒星光谱观测。几年后，哈金斯与别人合作研制了高色散摄谱仪，开始用照相术拍摄恒星光谱。借助德国物理学家基尔霍夫、化学家本生的发现，哈金斯对 50 颗亮星光谱进行了分析，把拍摄的恒星线光谱与实验室已知各谱线相比对以确定恒星的元素组成。他最终确认出亮星具有和太阳相同的化学成分，即由氢、钠、铁、钙、镁、铋等多种元素组成。

1868 年，意大利天文学家塞奇在用低色散摄谱仪观测大量恒星光谱的基础上，提出了一种将恒星光谱分为 4 类的分类方法：I 型星为白色星，如天狼星、织女星等，光谱中只有几条氢的吸收线；II 型星为黄色星，如五车二、大角星，其光谱和太阳光谱相同；III 型星为橙色和红色星，如毕宿五、参宿四、心宿二，光谱里有明暗相间的光带；IV 型星为暗红色星。塞奇共对 4 000 颗恒星进行了光谱分类。

塞奇提出的恒星光谱分类

类型	颜色	光谱形状	典型恒星
I 型	白色	宽而重的氢线	天狼星、织女星
II 型	黄色	氢不太强，有明显的金属线	五车二
III 型	橙色和红色	具有复杂的波段光谱， 光谱里有明暗相间的光带	毕宿五、参宿四、 心宿二
IV 型	暗红色	具有显著碳带和碳线	

后来，天文学家们使用对蓝光敏感的照相底片（其敏感区为 2 500 ～ 5 000 埃[1]）拍摄恒星，进而测量底片上天体像的黑度，**这种以天文底片作为辐射探测器得到的星等称为“照相星等”，用符号 m_p 表示。**此外，天文学家还将特种黄色滤光片与照相底片组合，使其对各波长的分光灵敏度与人的眼睛相同，这种**代替人的眼睛对天体亮度所测得的天体星等称为“仿视星等”，以符号 M_{pv} 表示。**

照相星等与仿视星等的差称为色指数，它是恒星颜色的一种量度，常用 C 表示，$C = m_p - M_{pv}$。一般说来，色指数越大，恒星颜色越红，表面温度越低。研究表明，恒星温度通常是决定其光谱总貌的主要因素。

1886 年，美国哈佛天文台台长皮克林教授在恒星光谱研究上取得了重要进展。他把棱镜照相机装在口径为 28 厘米的折射望远镜上，这样可以一次拍摄到一群恒星的光谱，出现在视场中的恒星光呈现为一条条小光谱。截至 1890 年，皮克林已获得了 24 万多颗恒星的光谱，并组织了十几位助手开展光谱分类工作。其中一位名叫坎农的女助手提出了一种较为简捷的分类法，即将恒星光谱分成

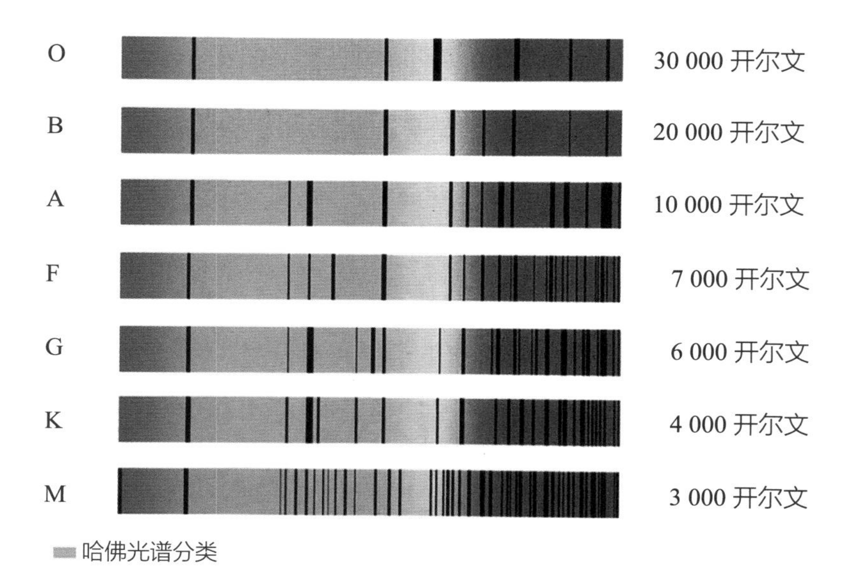

哈佛光谱分类

[1] 1 埃 $=10^{-10}$ 米。

O，B，A，F，G，K，M，R，N 和 S 型，每一型又分为 0，1，2，…，9 共 10 个次型，这就是迄今仍被广泛采用的哈佛光谱分类法。

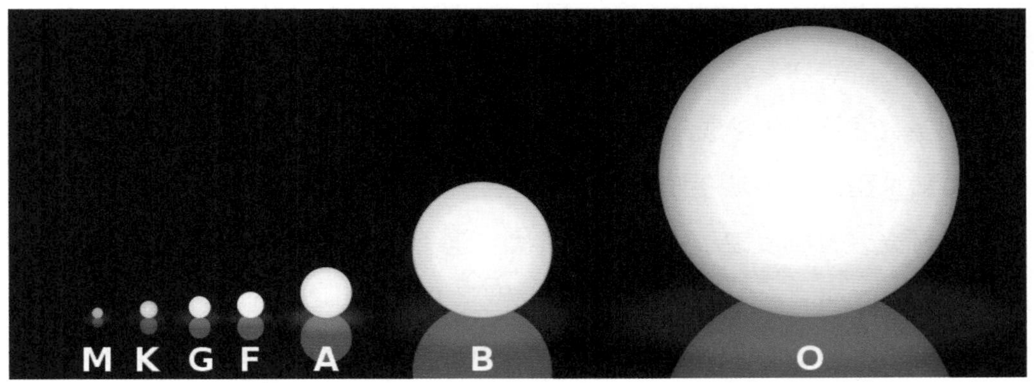

从 O 到 M 型的恒星示意图

1893 年，德国物理学家维恩通过对热体辐射性质的观察研究和热力学的推论指出，对于完全不透明的物体（亦称黑体），物体的温度和辐射强度最大值与对应的波长成反比关系，即当温度升高时，主色移向光谱的蓝端。这一点可以用加热铁块的过程来理解：随着温度的升高，铁块的颜色由红到黄，最后变成蓝白色；或者随着温度降低，从蓝白色变成黄色、红色。温度较低的恒星发出的光的主要成分是红光，星就呈现红色；温度较高的恒星呈现白色、蓝白色。1911 年，维恩因对黑体辐射研究作出卓越贡献，被授予诺贝尔物理学奖。

一些恒星的光谱型、颜色与表面温度的比较

光谱型	颜色	表面温度 / 开尔文	典型星
O	蓝	25 000 ～ 40 000	参宿一、参宿三
B	蓝白	12 000 ～ 25 000	参宿五、参宿七
A	白	7 700 ～ 11 500	天狼星、织女星
F	黄白	6 100 ～ 7 600	南河三
G	黄	5 000 ～ 6 000	太阳、五车二
K	橙	3 700 ～ 4 900	大角星
M	红	2 600 ～ 3 600	心宿二、参宿四

由上表可以看出，每种光谱型的温度具有一定的范围。这种温度范围可使同一光谱型恒星的光谱产生细微差异，因此，必须把每种光谱型又分成一些次型，如 B0，B1，B2，…，B9。B0 星比 B1 星热些，B9 星比它后面的 A0 星热些。属于 B，A，F，G，K 和 M 型的恒星约占 99% 以上，其他光谱型的恒星极少。大多数恒星的化学成分差别不大，仅有少数恒星的化学成分较为特殊，例如，R 和 N 型恒星含碳特别多，故有碳星之称。

哈佛光谱分类反映了恒星光谱形状的连续变化，它对应恒星表面的温度，表征了温度的递减，O，B，A 型称为早型星（年轻恒星），温度较高；K，M 型为晚型星（年老的恒星），温度较低；F，G 型为中型星（中年恒星）。我们的太阳是一颗 G2 型中年恒星。

3 恒星的大小与质量

恒星距离地球非常遥远，其角直径非常小，最大的不超过 0.05 角秒。在天文望远镜中，恒星看起来只是个星点，显示不出可测量的圆面，所以要直接测量恒星的大小很困难。1920 年，美国科学家迈克尔逊[1]利用双光束干涉原理，成功地设计出一架恒星干涉仪并把它装到天文望远镜上，测量出了参宿四的角直径。此后，美国威尔逊山天文台采用此方法成功地测出了十几颗恒星的角直径。

20 世纪 70 年代，澳大利亚拉布赖天文台使用巨型干涉仪，测定了织女星、老人星等十几颗恒星的大小。可惜这种干涉仪测量法只适用于距离较近、体积大的恒星，可供测量的恒星很少。对于大多数恒星来说，必须利用光度公式（$L=4\pi R^2\sigma T^4$）间接得到恒星的大小。

一般把光度小、体积小的恒星称为矮星，太阳就是一颗黄色矮星；光度比太阳大 100 倍左右（绝对星等在零等上下）的恒星称为巨星，其直径通常比太阳大二三十倍；介于太阳和巨星之间的恒星称为亚巨星；光度比太阳大 5 000 倍甚至超过 10 万倍的恒星称为超巨星。

---

❶ 他发明了光学干涉仪，使用其进行光谱和基本测量学研究，并因此获得 1907 年诺贝尔物理学奖。

说到这里，我们不禁联想到童话故事中的巨人和矮人，如《格列弗游记》中的大人国和小人国。恒星世界中，恒星大小相差更加悬殊。

几颗恒星半径大小比较表

恒星	特点	相对半径 （设太阳的半径为 1）
天狼星乙	白矮星	0.007 3 ± 0.001 2
天龙座 CM 甲	红矮星	0.252 ± 0.008
南门二丙（比邻星）	矮星	0.38
天狼星	蓝矮星	1.68 ± 0.09
织女星	蓝矮星	2.76 ± 0.15
大陵五甲	蓝矮星	3.08
五车二甲	黄巨星	14
大角星	红巨星	23.5 ± 2.6
天津四	蓝超巨星	约 186
仙王座 VV 甲	红超巨星	约 1 600
HR237	红超巨星	约 1 800

通过比较可见，巨星、超巨星可谓恒星中的巨人，巨星的半径常是太阳的几十倍、几百倍，而超巨星则更大。天津四（天鹅座 α 星）距离地球 1 410 光年，它是一颗蓝超巨星，亮度是太阳亮度的 55 000 ～ 196 000 倍，绝对星等约为 –8.38 等，其半径至少为太阳的约 186 倍。而仙王座 VV 星（是双星）的主星直径大约为太阳的 1 600 倍，比它还大的恒星 HR237 半径是太阳半径的约 1 800 倍。

恒星世界中的侏儒——体积小的恒星，常常既暗又模糊，不易被人们观测清楚，因此，人们目前对它们的了解远不如巨星。天狼星的伴星是人们最早知

太阳系行星与其他恒星的比较示意图（一）

太阳系行星与其他恒星的比较示意图（二）

太阳系行星与其他恒星的比较示意图（三）

太阳系行星与其他恒星的比较示意图（四）

道的一个恒星中的侏儒，它是一颗白矮星，其半径只有太阳的 0.73%（约 5 080 千米），比地球还小。另一颗以美国天文学家开伯命名的白矮星，其半径仅为地球的 1/7，只及月亮的近一半。此外，有些中子星的直径只有二三十千米，真可谓最小的侏儒恒星。

恒星的质量是恒星研究中一个非常重要的物理量，它涉及恒星的物理性质和演化特征。测量恒星的质量目前仍是天文学研究中的一个难题。除了太阳之外，可以通过对特殊的双星系统的研究测定恒星质量，一般恒星质量只能根据质光关系等方法进行估算。

所谓双星，是指在天空中看来距离很近的两颗恒星，有物理双星和光学双星之分。因相互引力作用，绕公共质量中心运转的双星，叫作物理双星或真双星；无物理联系，只是由于在天球上投影相近，而实际上相距甚远的双星，称为光学双星或假双星。现代天文学家认为，物理双星在恒星中约占 50%，即有一半恒星是以双星形式存在的。双星中的主、伴两星均绕着它们的质量中心做椭圆轨道运动，可用天体测量方法测出它们的运动周期、轨道半径，应用开普勒定律等方法可求得一些恒星的质量。

天文学家在测量了许多恒星的质量之后，发现了一个规律：**恒星质量越大，其光度也越强，这就是质量－光度关系，简称质光关系。**根据这个关系，人们可以近似地算出单个恒星的质量，但是它对于变星（亮度在短时期内突然发生变化的恒星）是不适用的。大多数恒星的质量在 0.1 ～ 120 倍太阳质量范围内。

质量接近而大小悬殊的恒星，必然存在密度上的极大差异。例如，天狼星伴星是一颗很小的白矮星，比天王星和海王星都要小得多，但质量却和太阳相当，因此它的密度极大，是水的 3 万倍，即那里 1 立方厘米的物质质量约 30 千克。有的学者戏称中子星为恒星世界的“密度冠军”。与此相反的是，一些恒星的平均密度却非常小，例如天蝎座的心宿二是一颗红超巨星，其密度只有水的百万分之一，比地球表面空气密度的千分之一还要小。

天狼星系统的艺术想象图

天狼星是一个双星系统，天狼星甲是其中较大的一颗。

由研究可知，恒星的大小、密度与其演化年龄有关。例如，类似太阳大小的恒星，经过几十亿年便会膨胀为巨星或超巨星，颜色变红，而后经过复杂的演化过程变成白矮星；大于 8 倍太阳质量的恒星，晚年一般经超新星爆发，变成中子星。

4 恒星的光度与星等

只要观察星空，就会发现恒星亮暗程度差别很大。恒星的亮暗等级是如何区分的呢？两千多年前的古希腊天文学家喜帕恰斯是第一位为恒星划分亮度等级的人。他把全天最亮的20颗恒星划为1等星，然后按亮度递减依次划分为2等、3等、4等、5等、6等，6等亮度的星刚刚能用肉眼观察到。尽管后来人们对这种排列关系做了不小的改进和发展，但这个方法基本上一直保持至今。

1603—1627年，德国天文学家拜尔再版了他编纂的星表（该星表首次描绘出了整个天球）。他以亮度为序，使用24个希腊字母依次标明各星座中的恒星，例如，大犬座α星（我国称为天狼星）、半人马座α星（南门二）、天琴座α星（织女星）、天鹅座α星（天津四）、猎户座α星（参宿四）和猎户座β星（参宿七）等。后来，人们研究的恒星更多、更暗了，希腊字母不够用了，便采用数字或罗马字母表示，如天鹅座61星，即指天鹅座第61号星。

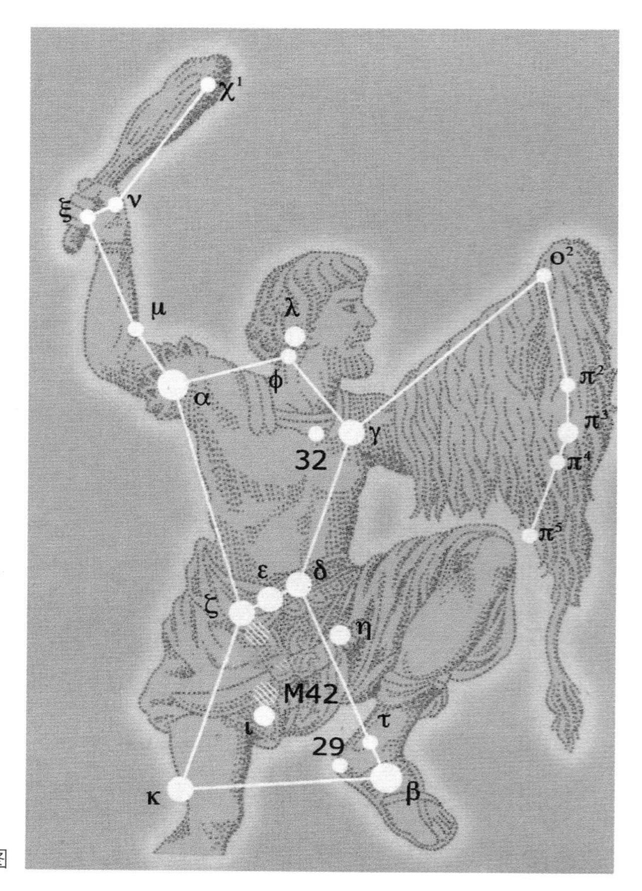

猎户座星象图

1850 年，英国天文学家普森发展了喜帕恰斯的星等划分观念。他指出，1 等星的平均亮度恰好约为 6 等星平均亮度的 100 倍。他建议，这个 100 倍的比率就定义为准确的 5 个星等差。这就是说，一个星等差的亮度比率为$\sqrt[5]{100}\approx 2.512$。如果使用数字公式表示，很容易理解普森的建议。星等分别为 n 和 m 的两颗恒星，它们的亮度 E_n 与 E_m 的关系为

$$\frac{E_n}{E_m}=(100^{\frac{1}{5}})^{m-n}$$

$$\lg E_n - \lg E_m = 0.4(m-n)$$

$$m-n = 2.5(\lg E_n - \lg E_m)$$

取零等星的亮度为单位 1，即取 $n=0$，$E_n=1$，则上式变为 $m=-2.5\lg E_m$。

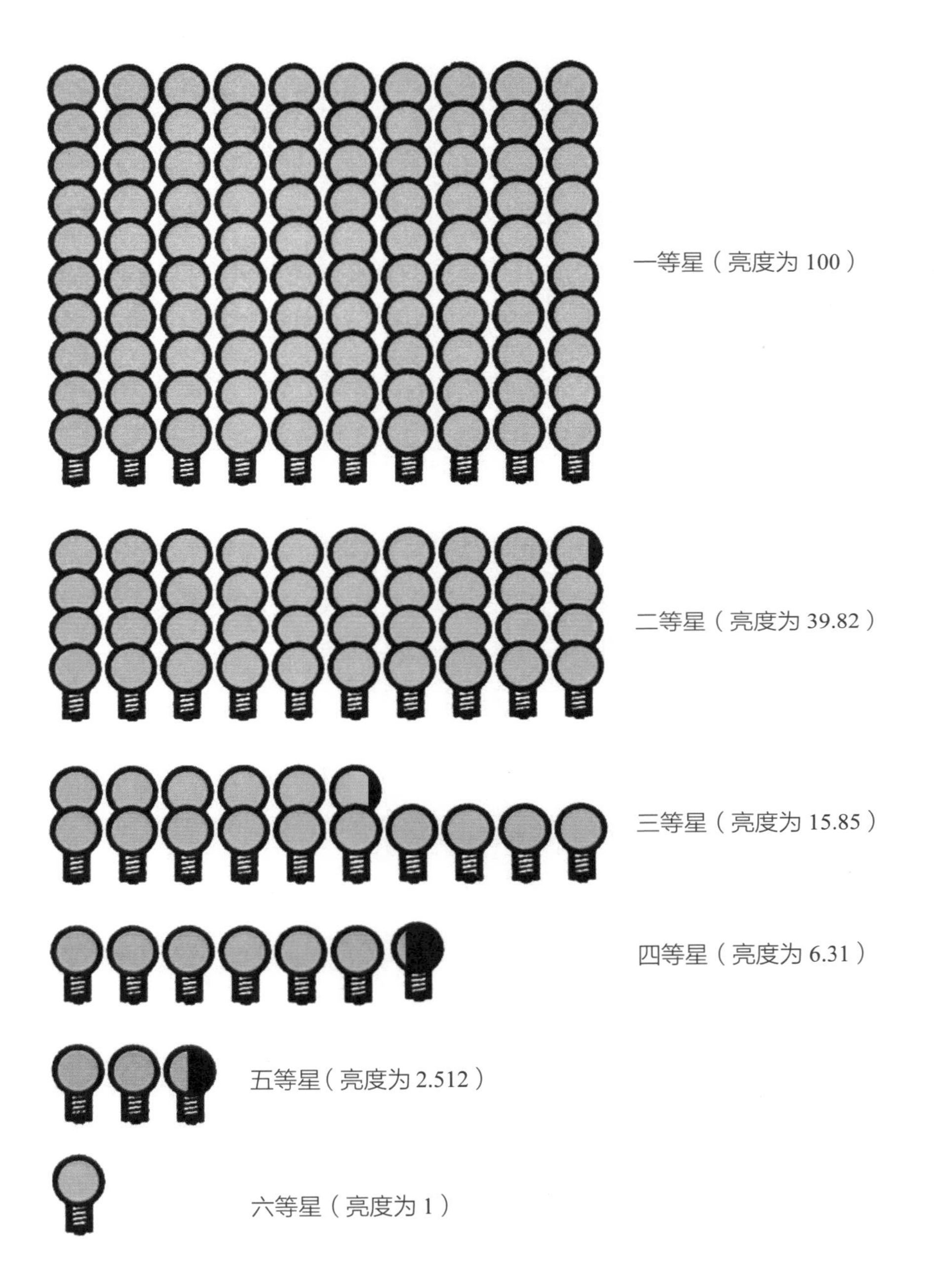

星等亮度划分示意图

用小电珠示意星等的划分，按等级差，一个星等差的亮度比为 2.512 倍。

这个公式是天文学中一个重要的基本公式。式中 m 表示星等，它可以取任意值，E 为亮度，取大于 0 的值。当 $0<E<1$ 时，即亮度暗于零等星时，星等 m 为正数，亮度 E 越小，星等 m 值越大；当 $E>1$ 时，即亮度大于零等星时，星等 m 为负值，亮度 E 越大，星等 m 的绝对值也越大。

普森的建议被人们采纳了。近代望远镜、照相术等技术的发展使测量恒星亮度日益精确，现在已经能够对星等值测定到十分之几甚至百分之几的精度。例如，全天最亮的天狼星是 −1.46 等星，天津四是 1.25 等星，巴纳德星的星等是 9.5。使用口径约 5 米的巨型天文望远镜，可拍摄到 25 等的暗星，相当于距观测者 63 千米远处一支烛光的亮度。在天文学上，**在地球上观测所得到的恒星亮度与星等称为视亮度（E）与视星等（m）**。以上所说均为视星等。

后来，天文学家们认识到了“**恒星的视亮度与它到观测者的距离的平方成反比**”这样一种关系。恒星的视亮度可以用天文照相底片和光电管（测光仪器）测得，如果知道了恒星的距离，就可以换算出恒星的光度，即它的真实亮度。天文学家把**恒星每秒钟所发出的总辐射能量称为恒星的光度，它代表了恒星的发光本领**。光度常用 L 来表示。如果把恒星的辐射近似当作黑体辐射，则根据光度计算公式 $L=4\pi R^2\sigma T^4$，可求出光度 L，式中，T 为恒星温度，σ 为玻尔兹曼辐射常数，$\sigma=5.97\times10^5$ [尔格 /（秒·厘米 ^{2}·度 ^{4}）]，R 是恒星半径。由此式可见，恒星表面温度越高、表面积（$4\pi R^2$）越大，其光度越强。恒星光度差别很大，光度最大和最小的两个极端分别为太阳光度的百万倍和百万分之一，太阳正好处于不大不小的中等水平。

为了比较不同恒星的光度，假设把所有恒星统统移到某一标准距离处，然后比较它们的真实亮度。天文学中把这个比较恒星真实亮度的标准距离定为 10 秒差距，即把相当于 10 秒差距距离上的星等值称为绝对星等，常用符号 M 表示。绝对星等与视星等的关系为

$$M = m+5-5\lg r$$

其中，M 为绝对星等；m 为视星等；r 为恒星到地球的距离。

这也是天文学上的一个重要公式，它表达了绝对星等、视星等与恒星距离三者间的关系。如果知道了 r 和 m，则可求得 M；反之，知道了 m 与 M，即可求出 r。实际上，人们常用物理方法求出 M 及 m，然后可求出天体距离 r。

天文学家的观测研究告诉我们，太阳的绝对星等 M=4.75，天狼星的绝对星等 M=1.5。**一般把 M=9 等左右的恒星叫作矮星，而把绝对星等在零等上下的星称为巨星，M 在 −4 等以下的恒星称为超巨星。**

5 迷人的双星

现代天文观测表明，双星或多星系统是宇宙中普遍存在的现象。如果用一架小型天文望远镜观测星空会发现，一些肉眼看上去是一颗星的星星，实际上是两颗靠得很近的恒星。例如，北斗七星斗柄中间的那颗称为开阳的恒星近处就有一颗极暗弱的小星。这颗恒星被称为辅星。

人们常说的双星一般指的是物理双星，也叫作真双星。组成物理双星的两颗星异常接近，因相互间的引力作用，彼此绕公共质量中心运转，其中包括目视双星、分光双星和交食双星，下面分别介绍。

目视双星：用望远镜能够观测到的那些双星称为目视双星，它们通常相距几十个天文单位，甚至达到几百个天文单位。由开普勒第三定律可知，这两颗恒星相互绕转的轨道越大，运行得就越慢，绕转的周期也越长。绝大多数的双星绕转周期都在一年半以上，

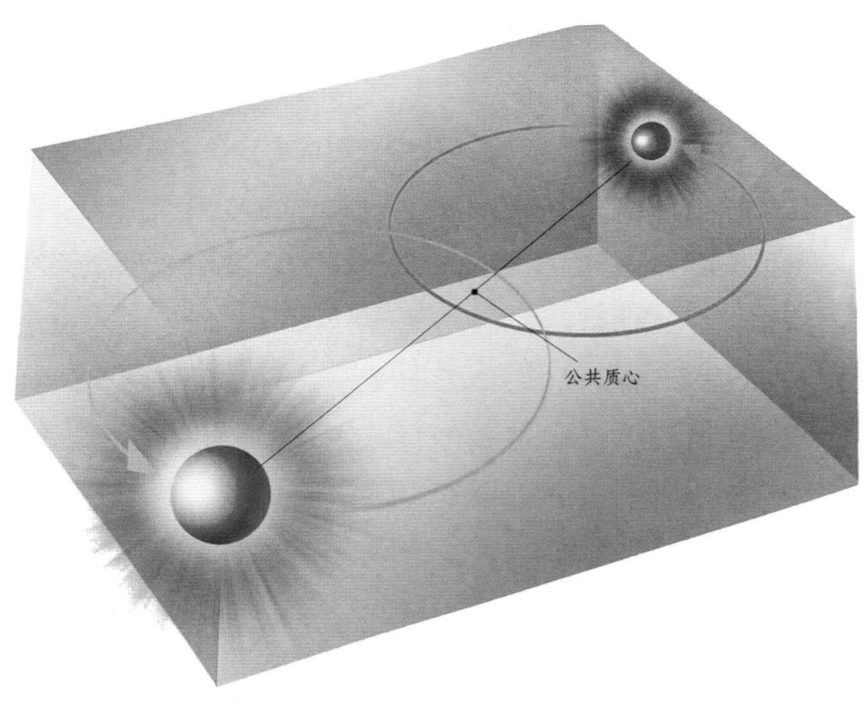

一种双星系统示意图

两颗恒星绕公共质心运行。

一般的都长于 5 年，典型的目视双星轨道运动周期长达数百年，有些更是长达上万年之久。即便观测不到其轨道运动，只要是两颗靠得非常近的恒星，自行和视向速度近乎相同，人们便能推断它们属于一个双星系统。

分光双星：对于两颗子星相距很近（绕转周期也较短）的双星，一般采用分光法（借助于分光镜）进行观测。通过用分光镜对某颗恒星谱线位移变化的观测分析所判断出的双星，称为分光双星。一颗朝我们运动的恒星的光谱线会因多普勒效应而向光谱的紫端移动（紫移），而一颗退行恒星的光谱线会向光谱的红端移动（红移）。当双星的两颗子星横穿过观测者视线时，它们的光谱线应当彼此重合，但是在有视向运动时，它们的谱线都应当呈现双线。

从分光双星的周期性多普勒位移，人们可以推测出它的子星的视向速度和轨道根数。

交食双星：也称为食双星、光变双星或食变星。这种双星在相互绕转时，如果其轨道平面几乎与人们视线方向平行，则可观测到一颗星被另一颗星遮掩，就像发生日食那样。遮掩使双星的亮度发生变化。英仙座 β 星，中文名大陵五，是最早发现的一颗交食双星。说到这里，我们讲一个有关它的故事。

在关于星座的古希腊神话中，有一个女妖相貌非常丑陋，她头上不长头发，却生长着许多毒蛇。这位蛇发女妖具有一种魔力，即如果谁直接看见她的脸，谁就会变成石头。后来，一位名叫珀耳修斯的青年英雄奉命去斩此女妖。他趁女妖熟睡之际，从他携带的反光盾牌中看准了她的位置，一刀砍下了她的头颅，立即放入皮囊里。归途中，他突然发现一位美丽的公主被锁在凸出于大海中的悬崖上，从远处游过来的一头大海怪——巨鲸想吃掉这位公主。珀耳修斯气愤地上前与海怪打了起来，战斗中他从皮囊中抽出了女妖的头，海怪一看就变成了石头。英雄搭救的公主名叫安德洛美达，他们后来成了亲。智慧女神雅典娜把他们升到了天界，便有了英仙座（Perseus，珀耳修斯）和仙女座（Andromeda，安德洛美达）。大陵五正是英雄珀耳修斯手提的女妖之头。那个大海怪就是现在的鲸鱼座。

古代阿拉伯人很早就察觉到大陵五有亮暗变化，他们当时把它与神话中超自然的魔怪联系起来，称其为魔星。在很长的历史时期内，大陵五亮暗光变之谜被埋没在恒星不变的传统观念中。后来撕开这个秘密的不是专业天文学家，而是一位英国青年天文爱好者约翰·古德里克（1764—1786 年）。这位出生在荷兰的年轻人既勤奋又好学。1782 年 11 月，在对星空进行观测时，他偶然发现那颗魔星有奇异的变光现象。那时的天文学家一般把这颗星归为物理变星（亮度在短时间内发生变化的恒星，如爆发变星、脉动变星等）。古德里克根据自己的观测，断定魔星根本不是真正的变星。他认为，这类恒星的光度起伏变化应归因于在它和观测者之间有某个较暗的天体经过，并由此推测大陵五是双星。双星中一颗子星较亮（称为主星），而另一颗较暗的伴星周期性地掩食大陵五主星，于是人们看到的星光就减弱了。

约翰·古德里克

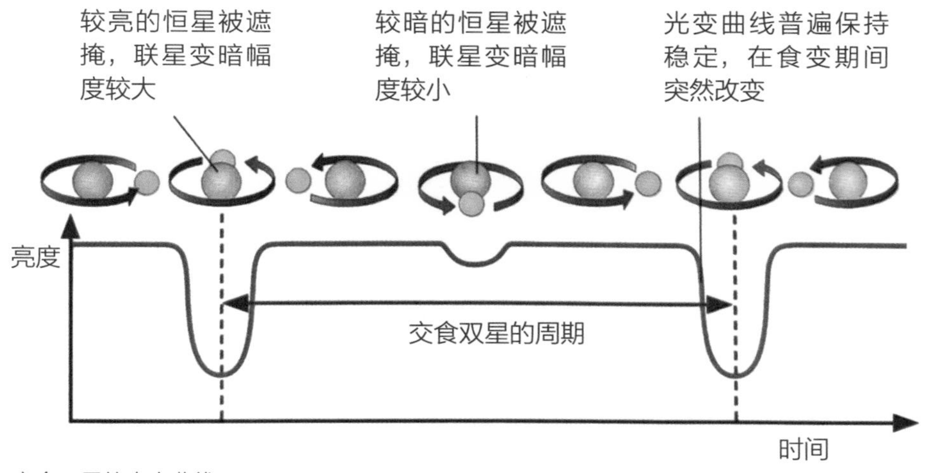

交食双星的光变曲线
图中较亮的恒星以明黄色表示，体积较小，处于伴星位置。

古德里克还发现，魔星的亮度降到原先的 1/3 时，开始增亮，恢复原亮度时再开始变暗。由于有了连续精确的观测结果，他终于求出其光变周期为 2 天 20 小时 49 分 9 秒，这个数值与现代准确值仅差 4.6 秒。这时他只有 18 岁。第二年，英国皇家学会公布了古德里克的这一发现，并授予他科普利奖章。

尽管如此，古德里克的这一发现并未得到当时人们的公认，如著名天文学家赫歇尔就未接受大陵五是交食双星这一见解。直到 100 多年后的 1889 年，人们才用分光法证实了古德里克是正确的。古德里克之后又发现了两颗变星：一颗是天琴座 β 星（渐台二）；另一颗是仙王座 δ 星（造父一，即现在被称为造父变星的典型星）。从此，天文学中关于变星的观测研究开始发展起来。非常可惜的是，这样一位有为的业余天文学爱好者只活了 22 岁，于 1786 年去世。

此外，在天文学中把两颗子星相距很近的物理双星称为密近双星，这包括一部分交食双星和一部分分光双星，如五车二、角宿一、大陵五和渐台二都属于密近双星。组成密近双星的两颗星互相影响，常有物质交换，使演化速度加快，它是现代天体物理学家非常关注的研究对象之一。

6 聚星、变星和耀星

一般把聚集成群而又有力学联系的3颗或更多的恒星，称为聚星。例如，北斗七星中的开阳星于1650年被发现为双星。后来发现，开阳星的主星（大熊座ζ星）本身是一对分光双星，之后又发现开阳旁边的辅星也是分光双星，再后来进一步发现，它们实际上竟然是由7颗星构成的七合星。北河二（双子座α星）在目视观测中是三合星，但每一颗星本身又是分光双星，所以整个系统是六合星。半人马座α星原来被认为是一颗距离我们最近的恒星，后来发现它是三合星，其中距离我们最近的星称为比邻星。

天文学家**把亮度在短时期内发生变化的恒星称为变星**。除了我们前面提到的食变星外，还有两类变星：爆发变星和脉动变星。这两类变星又称为物理变星和内因变星。爆发变星的特点是亮度突然剧烈增强，光变的起因是星体本身的爆发，因而无明显的周期性。爆发变星包括新星、耀星、金牛座T型变星和超新星。脉动变星的体积做周期性膨胀和收缩，有些脉动变星不仅有径向脉动，还有非径向脉动（变形脉动），其光度、颜色、光谱型、视向速度、磁场也随之发生变化。脉动变星光变周期有多种，光变幅度也不尽相同。

根据统计，目前发现的 14 000 颗脉动变星可分为 4 种类型。

（1）长周期造父变星。这种变星由于首先发现的称为造父一（仙王座 δ 星）而得名，其光变周期为 1 ～ 70 天，光变幅度 0.1 ～ 2 星等。

（2）短周期造父变星。光变周期为 0.05 ～ 1.2 天，光变幅度不超过 1 个星等，这一类又叫作天琴座 RR 型变星、星团变星。

（3）长周期变星。典型代表是鲸鱼座 o 型变星，其光变周期 80 ～ 1 000 天，光变幅度 0.25 ～ 8 星等。

（4）半规则变星。其光变周期性不显著。

鲸鱼座 o 星，中文名蒭藁（chú gǎo）增二是一颗有名的脉动变星。它位于“鲸鱼”这个希腊神话中的大海怪的粗脖子上。1596 年 8 月，荷兰天文爱好者法布里修斯发现这个大海怪的脖子上有一颗 3 等星，可是他的记忆里却没有这颗星的观测印象。在查阅了一些星图和星表后，也未发现这颗 3 等星的记载。

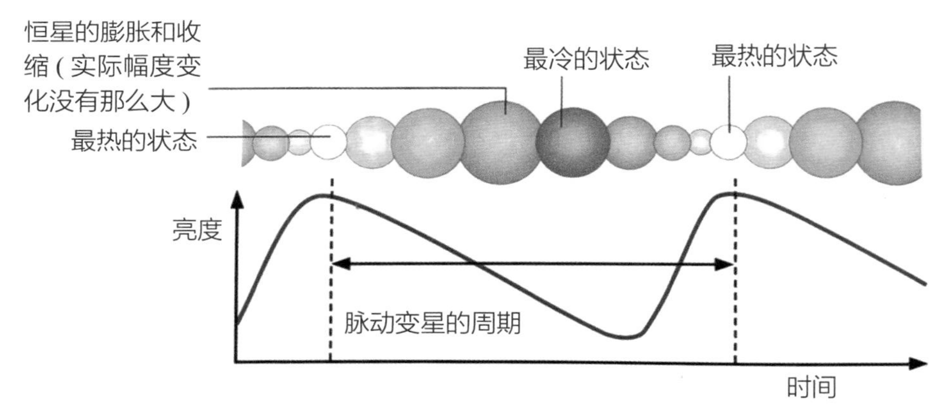

造父变星的光变曲线

造父变星是一类高光度周期性脉动变星，一般是超过 3 倍太阳质量的黄色超巨星。

奇怪的是，过了几个月，法布里修斯再度观测它时，却找不到它的踪迹了。几年之后，曾创造恒星字母命名法的德国天文学家巴耶尔也观测到了这颗星，他把它划为 4 等星，称为鲸鱼座 o 星。

约 50 年后，人们才了解到，有些恒星的光度确实有周期性变化，并确认他们两个人所观测到的是同一天体。几百年来，天文学家们一直很关注此星。它距我们 130 光年，其光变周期平均 332 天，上下可能有一个月的浮动，视星等由 10 等变到 2 等左右。后来，又发现它同时是一颗目视双星，其伴星也是变星。鲸鱼座 o 星是长周期变星中最明亮、最有名、最先被发现的一颗，其体积约为太阳的 1.25 亿倍，是一颗红超巨星。

从变星的命名方式上也可以看到当初人们对变星数量是估计不足的。一开始，规定同一个星座内的第一颗变星的名字用所在星座名称后面加大写英文字母 R 来命名，第二颗的后面加 S，以后依次加 T，U，V，W，X，Y，Z。后来发现，变星数量很多，于是从第 10 颗开始采用双字母：RR，…，RZ，然后是 SS，…，SZ，TT，…，TZ，直到 ZZ，然后使用 AA，…，AZ，BB，…，BZ，CC，…，CZ，最后是 QQ，…，QZ，但省略掉字母 J 不用（不论第一个或第二个都省略）。使用字母可以排序到第 334 颗变星，之后改用字母 V 和数字的结合，依序为 V335，V336，可以无限制地排序下去。例如：北冕座 R、鲸鱼座 YZ 和天鹰座 V603。特别要提醒注意的是第二个字母，在字母的排序上不能在第一个字母的前面，也就是说不可以有 BA，CA，CB，DA 等的组合。

耀星是一种突然发亮的爆发变星。1924 年，丹麦天文学家赫茨普龙在查看他拍摄的船底座方向的星空底片时，偶然发现一颗暗星（船底座 DH）的亮度增加了 2 个星等。与以前获得的该星底片仔细比较之后，他得出一个结论，该星亮度是在很不正常的较短时

船尾座 RS

船尾座 RS 是银河系中最亮的造父变星之一，本图由哈勃空间望远镜拍摄。

间间隔内增加的，他意识到这一现象与新星不同。20 多年后，美国天文学家卢依顿发现鲸鱼座 UV 在 3 分钟内亮度增加了 12 倍。这种很特殊的现象终于引起了天文学家们的注意，从此开始了系统的搜寻观测。于是，这种有亮度突变（称为耀亮）的恒星不断被发现。1959 年，国际天文学联合会正式承认这种有耀亮现象的星是一种新类型的变星，即耀星。

耀星的亮度平时处于极小水平，且基本不变，但是会在几分钟内甚至几十秒钟内突然增加十分之几星等、几个星等甚至十几个星等的亮度。亮度的下降较缓慢，几分钟至几十分钟后才恢复到常态。耀星爆发时有很强的紫外辐射。它与脉动变星完全不同，不存在光变周期，只是像闪电那样偶然发亮。有人因此将它比喻为天上的昙花。天文学家们在对耀星做了大量的观测研究之后，规定亮度增加率必须达到每分钟 0.3 等以上才能算是耀星。

人们在太阳邻近空间已发现了上百颗耀星。这些星距离太阳几乎都不超过 20 秒差距，其中至少有一半是双星的成员。耀星中最典型的是鲸鱼座 UV，故耀星又常称为鲸鱼座 UV 型星。此外，天文学家还在一些疏散星团中发现了上千颗有耀亮现象的变星，据分析认为，它们是诞生不久的恒星，比鲸鱼座 UV 型星更年轻。

7

新星和超新星

有的时候，从来没有出现过任何星星的天空区域突然出现了一颗亮星。这会使人惊讶，也会引起人们的很大关注。来天空作客的这颗亮星，现在一般被称为新星。其实，新星这个名称由来已久。我国考古学家在一片从殷墟出土的甲骨上辨认出这样一段卜辞：**“七日己巳夕□□新大星并火。”**另外一块甲骨上的卜辞是：**“辛未有戠新星”**。前者意为，在己巳年某月初七晚间，有一颗新的亮星出现在天蝎座大火这颗星的旁边；后者意为，在辛未年有一颗新星看不见了。由此可见，新星之称至少已有3 000多年的历史了。在古代文献中，新星有时又叫客星、暂星或新见星。

新星并不是新诞生的星，它原先是一颗很暗的星，一般是看不见的，由于其光度突然增加，超过原来的几万、几十万甚至几百万倍，便被人们发现了。新星实际上是一种爆发变星。新星爆发时可平均增亮

11 星等。由新星光谱分析得知，爆发后抛射的物质形成气壳，向外膨胀，速度为 500 ～ 2 000 千米 / 秒，释放的能量平均达 10^{45} ～ 10^{46} 尔格[1]/ 秒。

新星光度增加阶段经过的时间不长，然后逐渐减弱，经过一年乃至十多年再回到原来的光度。在银河系中已发现了 200 多颗新星。**新星的命名通常是在星座名称前加上英文字母 N，后面是新星爆发被发现的年份，如 NCyg1975，表示 1975 年天鹅座新星。**

新星爆发使其本身抛掉了一层外壳，基本上不影响它的主体结构。关于新星爆发的原因，一般认为在密近双星系统中，如果一颗是白矮星，另一颗是巨星，巨星外层的氢在白矮星的强大潮汐力的作用下会被拉向白矮星，在下落过程中，巨大的动能转化为热能，使白矮星表面温度升高，致使积累在白矮星表面的氢也有条件发生氢核聚变，引起外层爆发。

有些新星可观测到不止一次爆发，称为再发新星。它们和典型新星的差异在于它们的亮度上升比较小（7 等左右）。例如，蛇夫座 RS 是一颗再发新星，其正常亮度在 12 等左右，在 1898 年和 1933 年它的亮度突然上升到 4 等，而在 1958 年上升到 5 等。

爆发规模超过新星的变星称为超新星，也叫灾变变星，常用符号 SN 表示，**例如 SN 1987A，表示在 1987 年发现的第一颗超新星。**超新星爆发时，在很短时间内亮度增加 1 000 万倍到上亿倍，光变幅度超过 17 个星等，释放能量约 10^{47} ～ 10^{52} 尔格 / 秒。超新星爆发不像新星那样发生在外层，而是灾变性爆发，其结果是将恒星物质完全抛散，而后成为星云遗迹，或者星体大部分土崩瓦解，留下的部分物质坍缩成密度极大、体积很小的天体，如中子星或黑洞。

超新星是一种极为罕见的天文现象。有人认为，我们银河系中出现特别亮的超新星的机会约 300 多年才有一次。现在已经认证的银河系超新星仅 8 颗，它们均出现在望远镜发明之前。

---

[1] 1 尔格 $=10^{-7}$ 焦。

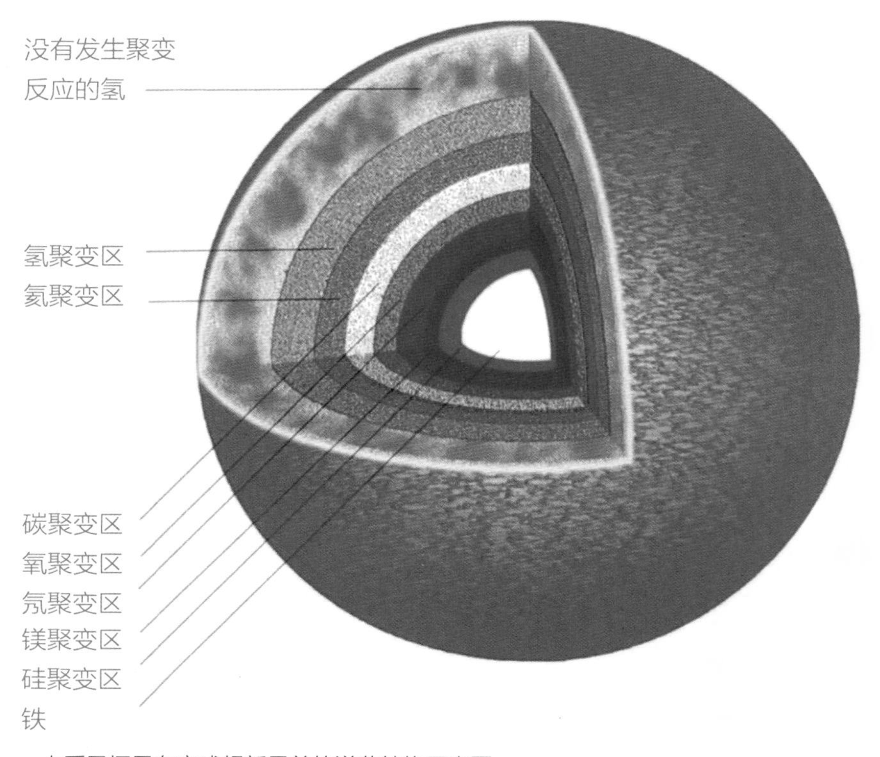

大质量恒星在变成超新星前的洋葱结构示意图

大质量恒星经过长期演化后，在发生超新星爆发前形成一个洋葱结构，其核心是铁。

天文学家把银河系之外的星系称为河外星系。超新星爆发时，光度剧增，光度极大值甚至可以和整个星系的光度相当，因而通过用大型天文望远镜搜寻，已发现了不少河外星系超新星，从 1885 年至 1987 年，共发现了 633 颗。

我国古代文献关于超新星的详细记载，如关于 1054 年金牛座超新星的记载，为现代宇宙科学研究提供了十分丰富的文献资料。据《宋史》记载："宋至和元年五月己丑，（客星）出天关东南可数寸，岁余稍没。"《宋会要》一书中写道："至和元年……伏睹客星出见，其星上微有光彩，黄色。"而《宋会要辑稿》中记载得更为明确："初，至和元年五月晨，出东方，守天关，昼见如太白，芒角四出，色赤白，凡见二十三日。"有关专家研究之后认为，这颗超新星爆发

蟹状星云（M1）

于 1054 年 7 月 4 日，最亮时白天可见，直到 1056 年 4 月 6 日，人们用肉眼才看不到它。

美国天文学家哈勃于 1928 年根据金牛座蟹状星云（M1）的大小及其大约 900 千米 / 秒的膨胀速度，指出它就是中国史书上记载的那颗“客星”爆发后的遗迹，国际上公称此星为中国新星。

近年有关河外星系超新星最轰动的事件发生在 1987 年 2 月 23 日，那天夜里，正在南美洲智利一座天文台工作的加拿大天文学家希尔顿从刚拍得的大麦哲伦星系（一个河外星系）照片上，发现了一颗 5 等星，根据其亮度变化，很快证实这是一颗超新星。希尔顿很兴奋，因为自从 1604 年出现那颗肉眼可见的超新星之后，天文学家已 380 多年未目睹这种宇宙奇观了。他和同事们一面把前一天拍的照片拿来比较，一面多次跑出室外亲眼观察那颗闪耀的超新星——SN 1987A。

大麦哲伦星系是距离银河系最近的河外星系，距我们约 16 万光年。超新星一般在达到最大亮度时（或者之后）才被人们发现，而 SN 1987A 这颗超新星被

历史上银河系内的超新星爆发记录

爆发年份	历史年代	客星名称	所在星座	星等	肉眼可见时间
185 年	东汉灵帝中平二年	南门客星	半人马	−8	20 个月
386 年	东晋孝武帝太元十一年	南斗客星	人马	不确定	3 个月
393 年	东晋孝武帝太元十八年	尾中客星	天蝎	−1	8 个月
1006 年	北宋真宗景德三年	周伯星	狐狸	−9.5	数年
1054 年	北宋仁宗至和元年	天关客星	金牛	−5	21 个月
1181 年	南宋孝宗淳熙八年	传舍客星	仙后	0	6 个月
1572 年	明穆宗隆庆六年	阁道客星	仙后	−4	18 个月
1604 年	明神宗万历三十二年	尾分客星	蛇夫	−2.5	12 个月

发现之后，亮度还在继续上升，两个多月后才达到最大亮度，约 2.8 等。由于其位置偏南，只有在北纬 20°以南地区才可观测到，因此，包括我国天文学家在内的各国天文学家携带各种观测仪器和设备纷纷前往南美洲和澳大利亚等地进行观测，人们利用光学、射电、紫外、X 射线、中微子探测器等多种现代化观测手段，对它进行了充分的观测和研究，为建立新的恒星演化理论提供了宝贵的资料。

一般认为，超新星是由大质量恒星（质量为 8 ～ 10 个太阳质量或更大）在生命晚期，通过坍塌、崩溃及瓦解性大爆炸而形成的。一般质量较小的恒星，比如我们的太阳，并不是以这种形式结束生命的，太阳最后会变成一颗白矮星。

SN 1987A 爆发前后照片对比图

它位于南天大麦哲伦星系，这是人类首次用望远镜观测到的超新星，它的前身是一颗蓝超巨星。

昂星团

又称七姐妹星团，位于金牛座，是一个大而明亮的疏散星团。

第三章

恒星的聚集和演化

1 星团和星协

天文学家注意到，夜空中除了常见的散漫分布的单个恒星、双星和聚星外，少数天区中的恒星有紧密成团的现象。很早以前，人们用肉眼就看到了昴星团（也称七姐妹星团，位于金牛座）、鬼星团（也称蜂巢星团，位于巨蟹座）、毕星团（位于金牛座）及英仙座的双星团。后来，人们用望远镜巡天观测时又发现了许多星团。在天文学上，**星团是指由10颗以上彼此有物理联系的恒星组成的恒星集团，它们一般都集中在一个不太大的空间内，可分为疏散星团和球状星团两大类。**

仔细观察巨蟹座中由4颗不太亮的星组成的小四边形，可看到一个微弱的蓝白色光点，这就是著名的疏散星团，称作鬼星团。古希腊天文学家喜帕恰斯留下的观测记录中便有鬼星团，当时认为它是个模糊的云雾状天体——星云。有趣的是，我国古代称它为积尸气。鬼星团之所以得名，是由于它处在我国的二十八星宿之一的鬼宿。鬼星团的拉丁语叫

英仙座双星团（NGC 869 和 NGC 884）
这是两个疏散星团。

Praesepe，意为马槽。西方传说认为，鬼星团北面和南面的两颗星是两头驴，它们共食马槽里的草料。大约在 1610 年，意大利科学家伽利略用望远镜观测了鬼星团。他在记录中这样写道:“叫作马槽的星云不是一个天体，而是一个有 36 颗星的集团。除‘驴’之外，我还发现了 30 多颗星。”现在人们进一步知道，鬼星团距离地球约 577 光年，在大约 13 光年的空间范围内，有 100 余颗恒星。这种稀疏的恒星集团称为疏散星团。

由观测可知，疏散星团形状不规则，可以包含几十至两三千颗恒星，通过先进的天文望远镜可分辨出其中的单个恒星。在银河系内，已经发现 1 000 多个疏散星团，它们集中在银道面附近，称为银河集团。这种星团一般被认为是较年轻的星团。

球状星团是球形或扁球形的，含有 $10^4 \sim 10^7$ 个恒星，其成员星质量比太阳略小。它们分布密集，在望远镜中难以将星团中心的恒星分辨开。球状星团的直径在 5 ～ 10^7 秒差距的范围内。可以想象，这是多么巨大的恒星集团啊。球状星团被认为是老年恒星的集团，在银河系中已经发现 100 多个，有人估计，银河系中约有 500 个球状星团。

星图上的武仙座被古希腊人想象为一个身披狮子皮、手舞大棒的倒着的武仙——海格立斯。在武仙的脚跟稍稍向下的地方，有一个球形的、亮度相当于 6 等星的天体，它就是北半天球最亮的球状星团——武仙座球状星团 M13。它由 30 万颗恒星密集组成，其直径约 35 光年，距离地球约 26 000 光年。

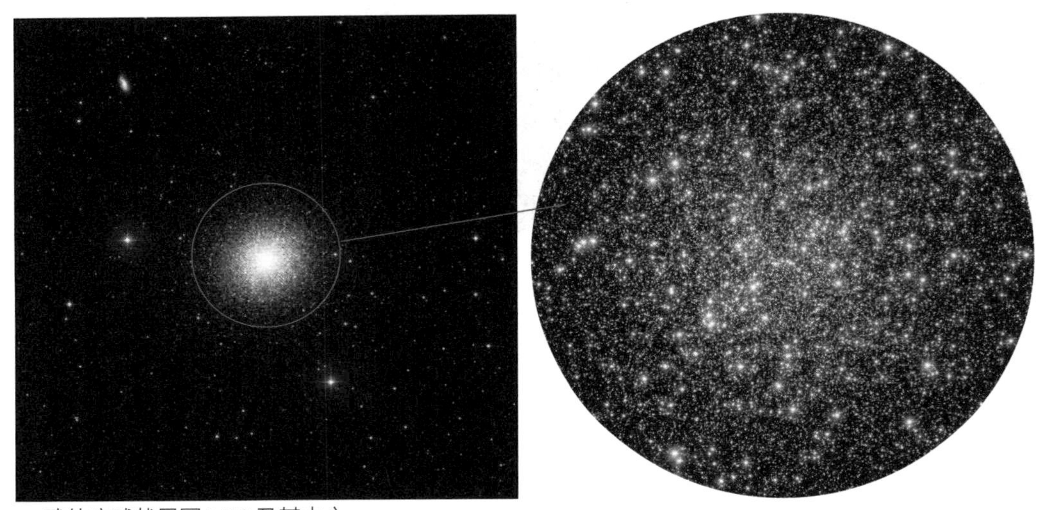

武仙座球状星团 M13 及其中心

在观测研究中人们发现，O 型和 B 型恒星在天球上的分布很不均匀，有些天区内这两种类型的恒星比较多，如猎户座和英仙座双星团的周围。1947 年，苏联天文学家阿姆巴楚米扬首先发现一些位于银河系旋臂上年轻的、大质量的恒星集团。这些恒星的光谱型显示出其有着共同的起源，他因此认为这是一种由早型恒星组成的具有物理联系的特殊恒星系统，称为星协，年龄约为百万年量级。星协主要由光谱型大致相同、物理性质相近的恒星组成，而星团里有多种不同光谱型的恒星。星协比疏散星团更为松散，它所在的天区里一般看不出有恒星的集聚，只有把 O 型和 B 型恒星从天球上其他光谱型的恒星中分出来，方可看出它们的集聚现象。

星协可分为两类：一类叫 O 星协，即主要由 O 型星和 B 型星组成，O 星协大致呈球状分布，已发现 50 多个；另一类叫 T 星协，主要由金牛座 T 型变星组成，已发现的 T 星协有 25 个。据估计，银河系内星协的实际总数约为 O 星协 10^3 个、T 星协 10^5 个。

观测发现，有几个距我们较近的 O 星协成员正在向外运动，速度约为 10 千米 / 秒。很多 T 星协和 O 星协位置较接近，例如，猎户座就有 1 个 O 星协、4 个 T 星协，一起构成一个更大的恒星系统。这个系统外有一片巨大的氢云包层，整体在缓慢地旋转着。

通常认为星协是不久以前新形成的年轻恒星集团，它们的发现使人们了解到在银河系中恒星的年龄很不相同，并且成群地产生，直到现在还有恒星正在诞生中。天文学家认为，星协内恒星的空间密度比疏散星团小得多，其成员星之间的引力较弱，由于银河系潮动力的作用以及成员星各自的随机运动，星协不可能维持 10^7 年数量级以上的时间，最终将瓦解，成员星会散入银河系的普通恒星场中。

2

银河系：我们的恒星系

夏季银河

在晴朗无月的夜晚仰望星空，可以看到天穹上那条白茫茫的光带，这就是常说的银河。中国古代还称它为天河、河汉、星汉等，它的学名不下二十几个。在西方，银河被称为 Milkyway，意为奶路。在古希腊传说中，横贯天穹的珍珠色银河乃是天神宙斯的妻子——赫拉的乳汁。自从伽利略首次用天文望远镜观测银河以来，人们终于知道那条白茫茫的光带实际上是由众多的恒星构成的。

银河在天球上跨越了 20 多个星座，占据了星空较大的区域。天文学家把由大量的恒星（约上千亿颗）、星团、星云和星际物质等构成的庞大的天体系统称为星系。在无垠的宇宙中，银河系是我们自己的“星岛”，这个星岛是由至少一两千亿颗恒星组成的。从 18 世纪 80 年代开始，天文学家赫歇尔用了多年时间研究恒星，计数天上的星星有多少，探索它们在天穹的分布状况，结果他发现了银河的构造轮廓，其形状如一个透镜或磨盘，存在于宇宙空间。他的儿子约翰·赫歇尔后来到南半球，对南半球星空也进行了类似的观测研究。

20 世纪 20 年代，天文学家在探索银河系结构方面取得了很大的进展。美国天文学家沙普利搜索到 100 个左右的球状星团。他使用了当时世界上最大的天文望远镜，即位于洛杉矶西北部威尔逊山天文台的胡克望远镜，这架反射式望远镜口径为 2.54 米。沙普利仔细研究了处于球状星团中的一种称为造父变星的脉动变星，**利用造父变星的光变周期与其光度之间的关系（周光关系），可以确定出造父变星以及它们所在的星团距离我们有多远**。后来，造父变星成为天文学家测量遥远天体距离的一把“量天尺”。

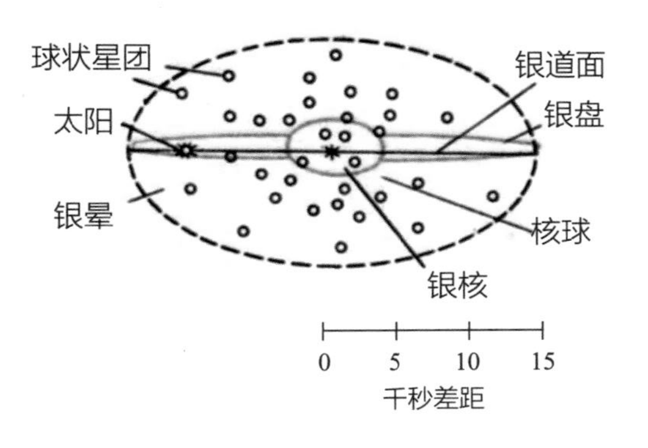

银河系结构的侧视示意图

沙普利仔细分析了 69 个球状星团，在把星团中的恒星和太阳附近的恒星进行比较时，他发现前者的亮度一般只及后者的几万分之一到几千分之一，由此判断出球状星团是遥远的天体，它们到地球的距离大都在几万光年以外。他还发现，大约 1/3 的球状星团集中在人马座方向，环布于以人马座为中心的半球形区域上。于是，他推测出银河系的范围约 30 万光年。沙普利指出，太阳系并不在银河系的中心，而是在远离银河系中心的边远区域，正因如此，人们观测到的许多球状星团分布在人马座周围。此后半个多世纪的天文观测结果一再证明，沙普利描述的银河系图像是基本正确的。因此，太阳被“赶出”了银河系的中心。这是人类对宇宙认识的又一次飞跃。

银河系是一个中间厚、边缘薄的扁平盘状体。它的主要部分称为银盘，呈旋涡状，直径约为 10 万光年，中央厚约 1 万光年，边缘厚 3 000 ～ 6 000 光年，包含的恒星估计约 4 000 亿颗。太阳处于距离银河系中心约 27 700 光年的位置。

早在 20 世纪 20 年代，荷兰天文学家奥尔特研究分析了大量恒星的视向速度，得出太阳附近的恒星相对于太阳有较差运动（一种非刚体的转动）。后来，他进一步证明，恒星围绕银河系中心的转动类似于行星绕太阳的运动，距离银心越近，运动得越快。奥尔特根据观测推算出，太阳绕银心公转的速度为 220 千米 / 秒（现代数值为 250 千米 / 秒），太阳围绕银河系中心公转一周约 2.5 亿年。

20 世纪 60 年代以来，密度波理论成功地说明了旋臂的稳定性，即恒星在围绕银心旋转时，它们旋转速度的快慢是波动的，运动慢则聚集在一起，因而恒星的聚集程度呈波动变化，密度极大处呈旋涡状分布，于是出现了旋臂现象。旋臂中的恒星处于动态平衡中，既有不断加入的恒星，也有不断出去的恒星。因此，旋臂并不是包含同一些恒星的永久性的结构。旋臂也在围绕银心做刚体转动，其方向和银河系自转方向相同。

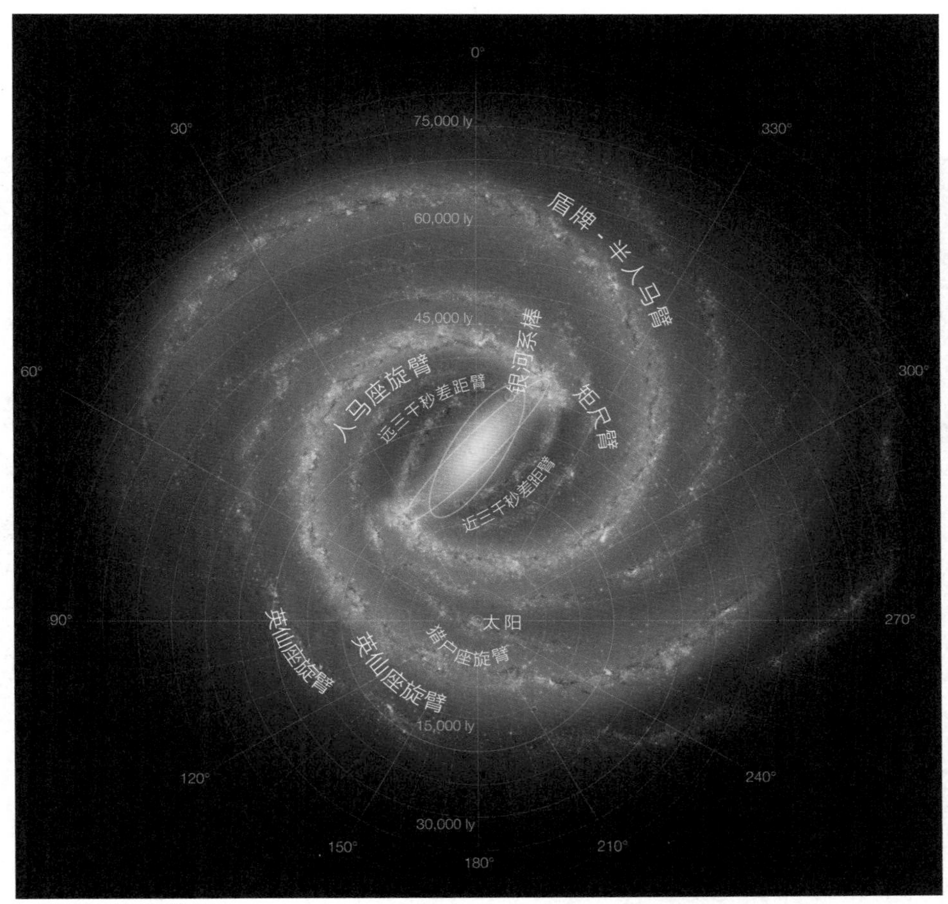

银河系的悬臂结构

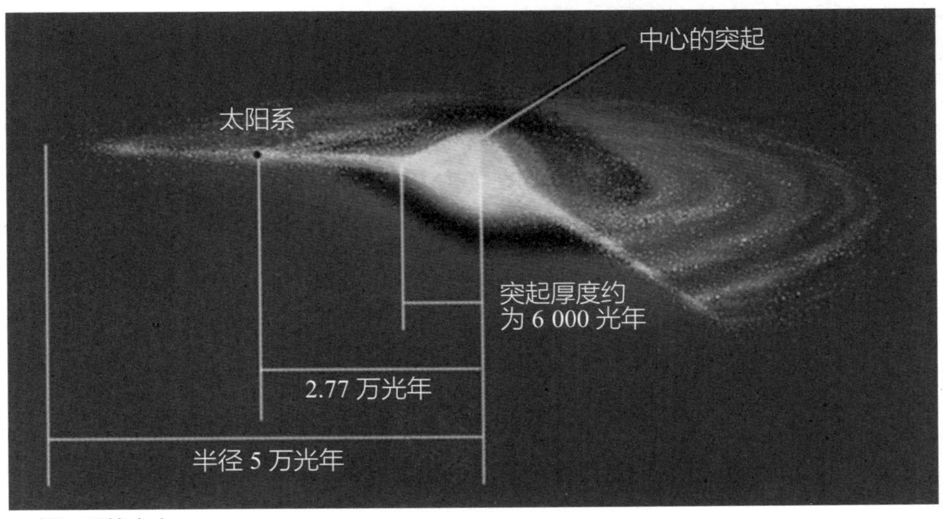

银河系的大小

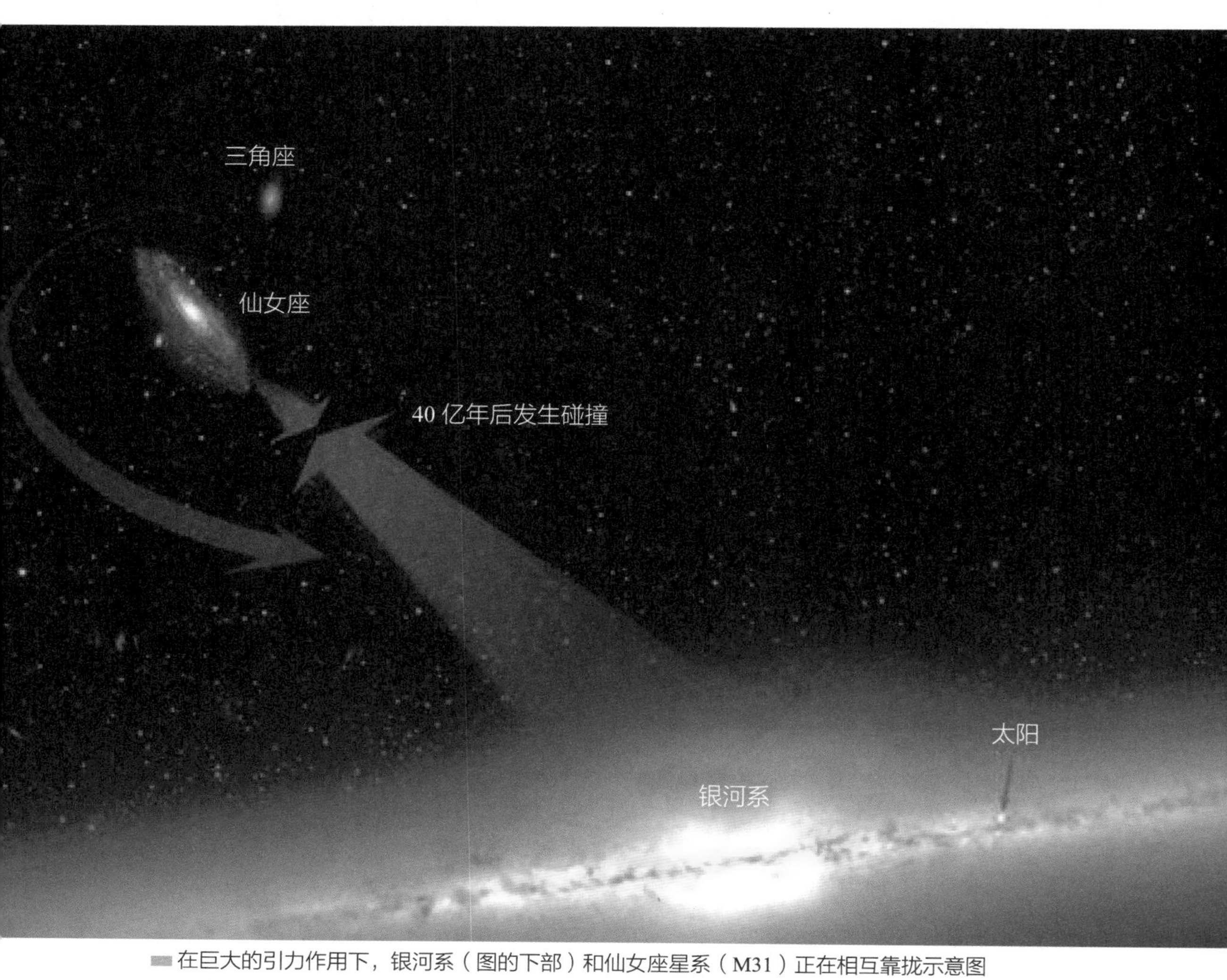

在巨大的引力作用下，银河系（图的下部）和仙女座星系（M31）正在相互靠拢示意图

图中还显示了本星系团中另外一个成员——较小的三角星系 M33，它也会参与这场“宇宙大碰撞”。

3 从星云到河外星系的认知

18 世纪后期，西方国家爱好天文的人兴起了搜寻彗星的热潮，几乎所有拥有天文望远镜的人都愿意花费许多时间巡视天空。人们期望发现太阳系的新成员，因为一旦获得成功，奖金、奖章等就会来到幸运的观测者身边。

人们常常会在晴夜的星空中观测到一些模糊暗淡的白色云雾状斑点，西方人称其为 Nebulas，意为星云。在 1745 年以前，人们发现了 20 多个星云。1786 年，法国著名天文学家梅西叶已发现了 103 个星云和星团，后来就有了梅西叶星云星团表，记数常以 M 开头。

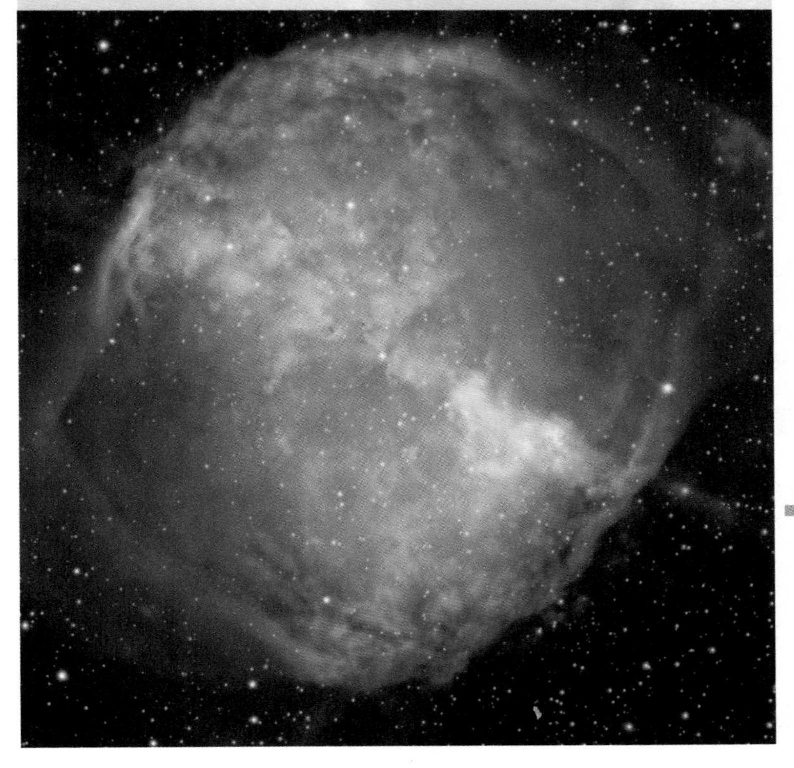

狐狸座哑铃星云（M27） 法国天文学家梅西叶发现的行星状星云，从左上到右下的粉红色部分是气体浓度高的区域，恒星周围的圆盘正在逐渐向外膨胀，由随后喷出的高速恒星风吹到远方。

三裂星云（M20）

位于人马座的气体星云，距地球 5 200 光年。它的彩色照片非常美丽，可以看见它桃红色和亮蓝色的部分。由遮掩物质形成的暗沟把这个星云分为 3 个树叶状区域，所以它也被称为三叶星云。

1755 年，德国哲学家康德的《自然通史和天体论》一书出版。在此书中，康德以超人的智慧提出了 3 个重要的假说：①关于太阳系起源的星云假说；②银河是一个扁球状的星团，同时还存在着类似于银河的其他星团天体；③海洋潮汐摩擦会减慢地球旋转的速度。康德认为，太阳系所在的庞大恒星集合体（银河系）不是宇宙中的孤立集团，它好像是茫茫海洋中的一个岛屿，那些星云可能就是这样的“宇宙岛”。康德猜想，宇宙“广大无边”，有“数量无限的世界和星系”，它们像大洋中的岛屿（称为“宇宙岛”）一样散布在浩瀚的宇宙空间之中。

1776 年，英国天文学家威廉·赫歇尔观测到有些星云的确是由许许多多的小星星构成的，率先证明了康德的“宇宙岛”假说。但是他也发现，一些星云分辨不出星星，如有些弥漫星云和行星状星云。分辨不出星星的星云究竟是不是宇宙岛，当时还无法确定。

1845 年，爱尔兰天文学家罗斯耗资约 3 万英镑，成功自制口径约 1.82 米的大望远镜。虽然它很笨重，需要 4 个人才能操作，但是人们通过它还是获得了一些重要的观测发现。罗斯用它辨认出了一些云雾状的天体。仔细看去，它们呈旋涡状，所以后来就被叫作旋涡星云。在观测中，他还证实许多赫歇尔曾经认为是星云的天体实际上是星团。当时人们认为，梅西叶星云星团表中的天体都是星云，M51（梅西叶星云星团表中的第 51 个天体）是人们发现的第一个具有旋臂的星云。罗斯发现，M51 有一种独特的螺旋状结构，他根据其外貌特征猜测，这个星云是一个巨大的、旋转着的并由许多恒星构成的旋涡状天体。从罗斯描绘的 M51 的图片可以看到，它已经与现代望远镜拍摄的非常相近。后来，哈勃通过对造父变星测距才知道这些旋涡星云其实是银河系之外的其他星系，M51 是一个正与一个矮星系发生并合的旋涡星系。

摆在人们面前的问题是，星云到底是由恒星构成的还是由气体构成的呢？它们都是银河系内的天体吗？事实上，直到 19 世纪末，天文学家基本都认为银河系就是整个宇宙。

1915 年，美国天文学家柯蒂斯开始提出自己的看法：如果星云的距离比银河系大，那它肯定是远在银河系之外的宇宙岛；反之，它应属于银河系的成员。后来，他曾测得仙女座大星云 M31 距离地球大约 1 万光年，由此可认为，所有

罗斯自制的口径约 1.82 米的大望远镜

罗斯描绘的 M51

的星云属于银河系内的天体。柯蒂斯后来重新审查了自己的计算，把仙女座星云的距离延长了 1 000 倍。柯蒂斯在 NGC 4527 和 NGCA 321 等星云中发现了不少新星，认为新星的出现表明它们不是气体星云，而是恒星系统，所谓旋涡星云的名称是不恰当的。

1918 年，美国天文学家沙普利通过对银河天体分布的分析研究，确认太阳并不位于银河系的中心，而是处于离银河系中心较远的地方，从而纠正了赫歇尔的银河即宇宙、太阳位于银河系中心的错误。沙普利当时估算银河系的直径为 30 万光年。

1920 年 4 月 24 日，美国科学院在华盛顿召开了“宇宙的尺度”学术讨论会，沙普利和柯蒂斯双方就银河系大小和旋涡星云的真相展开了面对面的论战，这是近代天文学史上有名的一次科学大辩论。由于他们都提不出令人信服的、充分的证据，故未能说服对方。其实，就银河系大小的估计而言，两人的认识都有错误之处，即沙普利对银河系大小的估计大了 3 倍，而柯蒂斯又小了 1/3。柯蒂斯还曾猜测，宇宙中充满了类似银河系的河外星系。

有些星云，如荷兰天文学家惠更斯 1656 年首次发现的猎户座大星云，就是一块气体尘埃云。猎户座星云的质量大约等于 500 倍太阳质量，由它内部的炽热恒星所照亮。然而，另一些星云状物质却被证明是球状星团，是由几万乃至几十万颗恒星组成的巨大星团。

2022 年 7 月，美国的詹姆斯·韦布空间望远镜拍摄到了清晰的南环星云。南环星云又称八裂星云，距离地球约 2 000 光年，位于船帆座。这是一个行星状星云，是由类似太阳的恒星死亡后喷发的物质形成的环状结构。在其中心区域有一颗白矮星，温度达 10 万摄氏度，它发出的紫外线激发了周围气体发光。

南天有一个著名的船底座星云，距离地球大约 8 500 光年。该星云内部孕育着大量的大质量恒星，其中就有著名的船底座 η 恒星系统，该恒星系统以经常发生大喷发、亮度迅速变化而著名。其实，船底座星云比猎户座大星云还要大 4 倍，但由于位于南方天区，直到 1752 年才由法国天文学家拉卡伊在非洲好望角发现并记录下来。

现代望远镜拍摄的河外星系 M51

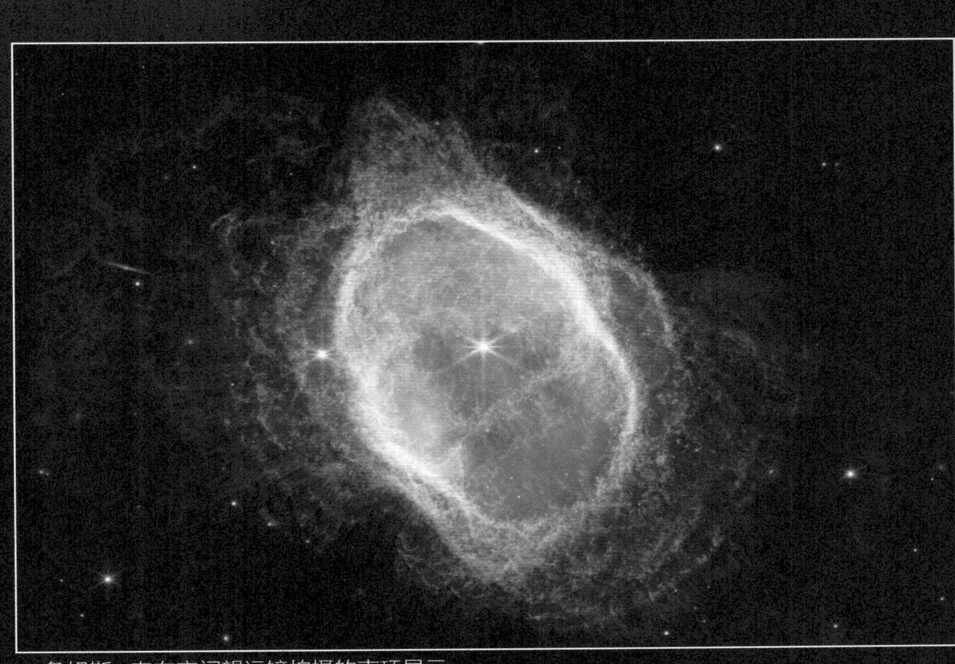

詹姆斯·韦布空间望远镜拍摄的南环星云

詹姆斯·韦布空间望远镜拍摄的船底座星云

猎户座星空照片

三星下面即猎户座大星云。

猎户座大星云

摄影：赵研。

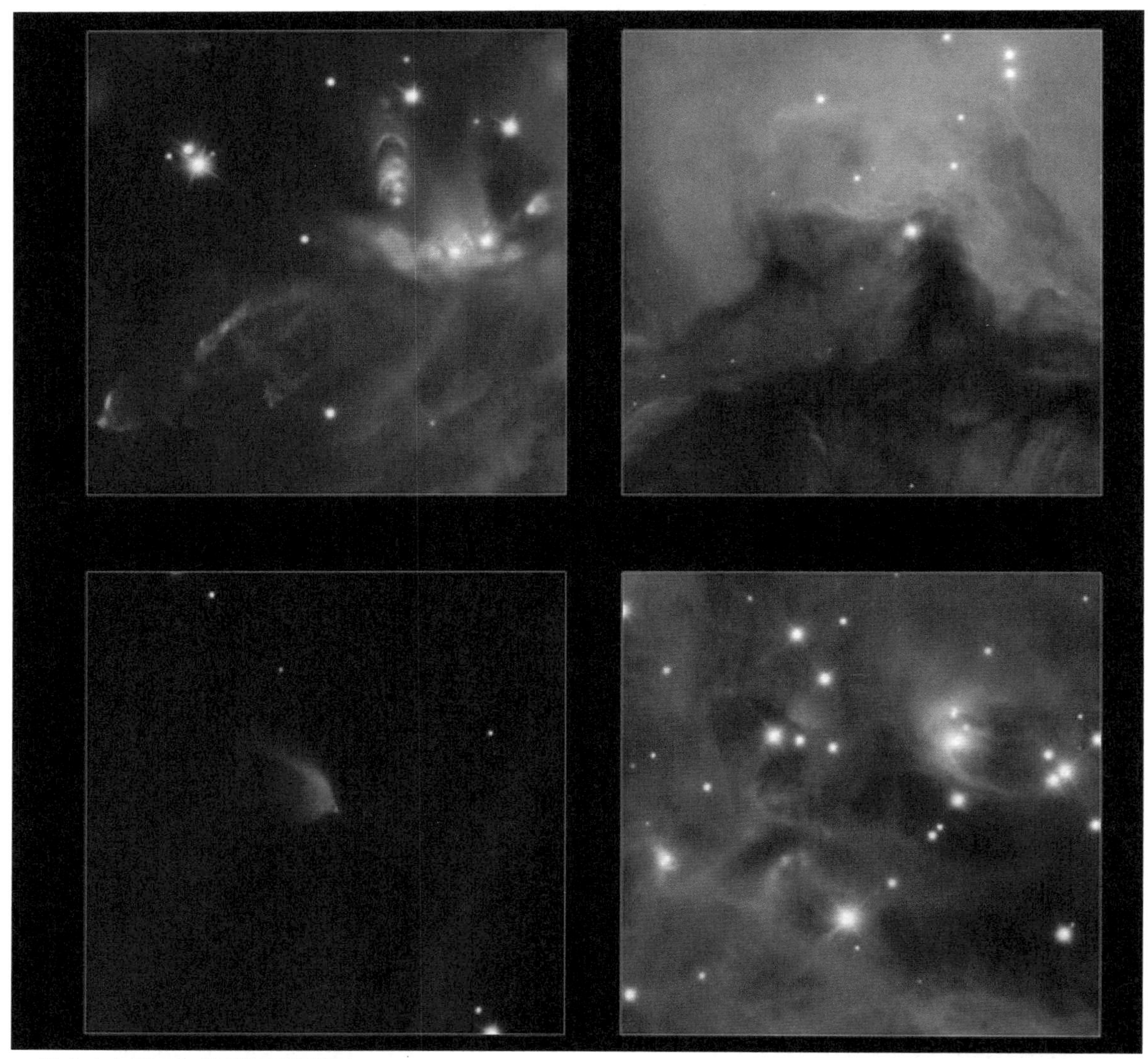

猎户座大星云红外照片局部特写

星云中有不少正在形成的恒星，由欧洲南方天文台拍摄。

欧洲南方天文台于2016年7月拍摄的猎户座大星云的红外照片把星云中大量褐矮星和孤立的行星级天体展现了出来。这些低质量天体的存在，能够让人们对这个星云的恒星形成史有更深入的了解。猎户座大星云宽约24光年，只要天气晴朗，仅用肉眼就能看到。它看上去像猎户腰下佩剑上的一个模糊光斑。在紫外辐射的电离作用下，星云熠熠生辉。这些紫外线来自诞生在星云中的炽

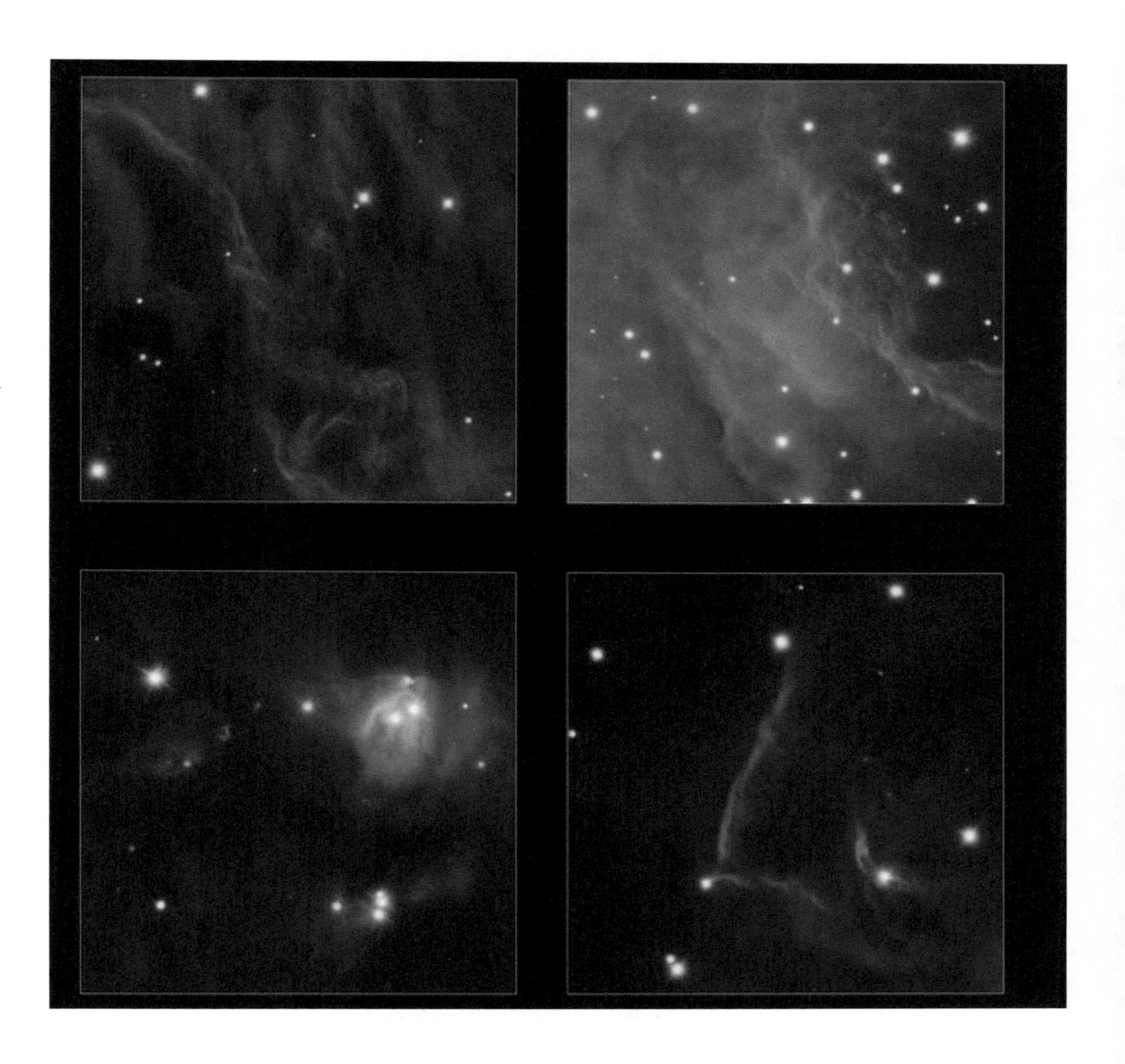

热恒星。这个星云距离我们只有 1 350 光年，相对来说比较近，因此天文学家研究起来也比较方便。

了解猎户座星云中有多少低质量天体，对于细化当前的恒星形成理论非常重要。此前人们已经在这个星云中发现了大量质量相当于太阳 1/4 的天体。这张由欧洲南方天文台拍摄的最新照片，展现了大量超出预期的更低质量天体，这进一步向我们暗示，宇宙中行星级天体的数量可能比之前所认为的要多得多。

4 第一个河外星系的发现

19 世纪中叶，3 种物理方法——分光学、光度学和照相术被广泛应用于天体的观测研究以后，人们对天体的结构、化学组成、物理状态的研究形成了完整的科学体系，天体物理学开始成为天文学的一门独立的分支学科。

1864 年，英国天文学家哈金斯开始用分光技术研究星云。在对天龙座一个行星状星云做光谱分析时，他发现了几条明亮的光谱线。星云拥有类似于炽热气体的光谱，这说明它不是由一群恒星构成的天体系统。哈金斯虽然也观测了仙女座大星云（M31），观测到它具有恒星光谱特征，即 M31 的连续光谱上有暗线（吸收线），但是他固执地坚持“一切星云都是气体团”的传统观点，结果错失了发现河外星系的良机。

1885 年，美国天文学家皮克林首先使用物端棱镜拍摄光谱，进行光谱分类。通过对行星状星云和弥漫星云的研究，他在 M31 中发现了一颗新星，这为星云是由恒星组成的见解提供了有力证据。1888 年，英国天文学家罗伯茨用 51 厘米反射式望远镜拍摄到 M31 具有旋涡结构，后来人们把这类天体称为旋涡星云。1899 年，德国天文学家涉伊纳用长时间的曝光拍得 M31 的光谱，结果发现其光谱里出现了太阳光谱谱线那样暗黑的吸收线，科学家因此猜想 M31 很可能是类似银河系那样的恒星系统。

到 20 世纪初，对星云的观测资料越来越多，由此人们开始涉及与星云有关的一些重大天文问题，例如，旋涡状星云距离地球有多远，它是气体星云还是与银河系类似的天体系统，等等。

1912 年，美国天文学家斯莱弗第一次用多普勒效应测得旋涡星云（包括 M31）的视向速度。那时的威尔逊山天文台不仅装备了先进的观测设备，还配备了物理检测仪器。1923 年 10 月 6 日，美国天文学家爱德文·哈勃凭着娴熟的观测技巧，利用当时世界上口径最大（2.54 米）的反射望远镜——胡克望远镜拍摄了仙女座大星云 M31 的照相底片。哈勃可谓 20 世纪最伟大的天文学家。他出身于律师家庭，在上大学时学法律并取得了学位。后来，他的兴趣转向了天文学。1914 年，他来到芝加哥叶凯士天文台做研究生，3 年后获得博士学位，他的学位论文题目是《暗星云的照相研究》。1919 年，他到威尔逊山天文台工作。那时，他正赶上胡克望远镜的启用。哈勃用这架望远镜拍摄了一些旋涡星云照片，其中包括 M31。

胡克望远镜

1917 年，美国威尔逊山天文台口径 2.54 米（100 英寸）的胡克望远镜（反射式）建成。在此后 31 年间，它一直是世界上最大的望远镜。1920 年，迈克尔逊为这架望远镜装了一架干涉仪，用这台仪器可精确地测量恒星大小和距离。罗素使用此望远镜的数据完成对恒星的分类。1924 年，哈勃使用这架望远镜发现证认了第一个河外星系（M31）。

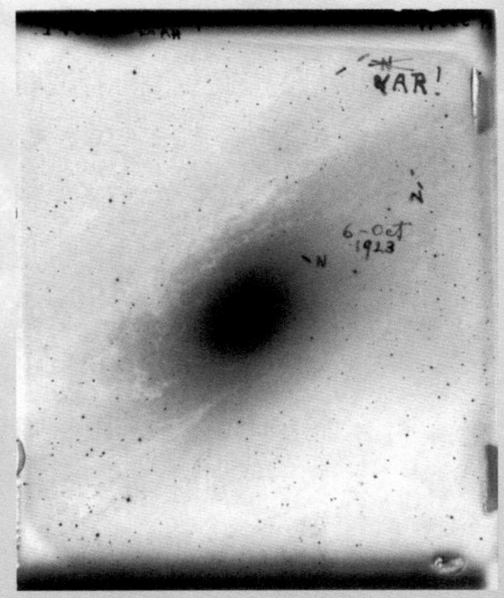

哈勃拍摄的仙女座大星云胶片

在星云中发现的造父变星（右上角）。随着造父变星的发现，第一个河外星系被发现。

哈 勃

需要特别指出的是，造父变星在研究遥远的星系时曾立下汗马功劳。造父变星属于恒星中一类高光度周期性脉动变星，即它的亮度随时间呈周期性变化。其典型星是仙王座δ星。仙王座δ星最亮时为3.48等，最暗时只有4.37等，这种变化很有规律，周期为5.37天，称作光变周期。这类星的光变周期有长有短，一般为1～50天，以5～6天为最多。由于我国古代将仙王座δ星称作造父一，所以天文学家便把此类脉动变星统称为造父变星。

美国女天文学家勒维特在20世纪初研究了上千颗造父变星，发现了一种测量遥远恒星距离的方法。勒维特在研究中发现，造父变星越明亮，脉动的周期也越长，而且这些脉动变星的亮度变化与它们变化的周期存在着一种确定的关系，光变周期越长，亮度变化越大。利用观测到的恒星信息，勒维特能够计算出造父变星自身的亮度。考虑到只要有一颗造父变星的距离是已知的，其他造父变星的距离就可以推算出来（因为恒星的光越暗，它的距离就越远），一种最初的而且可靠的标准烛光就这样诞生了。后来，人们把这个发现叫作周光关系，并画出了周光关系曲线。此后，在测量不知距离的星团、星系时，只要能观测到其中的造父变星，利用周光关系就可以将星团、星系的距离确定出来。因此，造父变星被人们誉为量天尺。

在哈勃拍摄的仙女座大星云照片上，其边缘部分已可分辨出一些恒星，后来在这些恒星中发现了造父变星，它的光变周期为45天。利用可以测定距离的周光关系，哈勃测定了M31的距离，算出仙女座大星云距离我们大约90万光年（现在知道，它距离地球254万光年），远远超出银河系的范围。于是，哈勃寄发了一篇叙述其观测成果的论文，交给美国科学发展协会和美国天文学会在华盛顿召开的会议，天文学家罗素阅读了他的论文，认可了M31的距离。

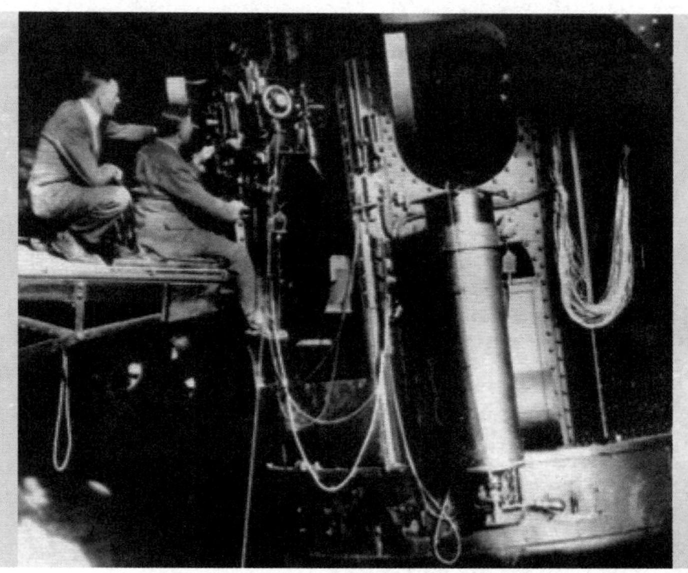

美国天文学家哈勃（左）和著名英国科学家詹姆斯·金斯坐在威尔逊山天文台口径 2.54 米望远镜的观测室里
那时的天文学家使用胶片收集主镜面的反射光。

1924 年，哈勃在美国天文学会上郑重宣布，仙女座大星云是河外星系。这是人类发现的第一个河外星系。不久，哈勃在三角座旋涡星云（M33）中也发现了造父变星，后来确认 M33 也是一个河外星系。随着观测的深入，人们终于知道河外星系非常之多，星系可谓宇宙大厦的基本“砖块”。1926 年，哈勃发表了划时代的文章《作为一个恒星系统的旋涡星云》，以此推翻当时最流行的银河系就是全部宇宙的错误观念。1990 年 4 月被送上太空的美国空间望远镜（口径 2.4 米）是以哈勃的名字命名的，以此纪念他对天文学的杰出贡献。

仙女座大星系（M31）是人类发现和证认的第一个河外星系，其直径约 22 万光年，距离地球 254 万光年，肉眼可见（亮度 4.36 星等）。天文学家估计，M31 约有三四千亿颗恒星。

后来，天文学家深入观测研究了 M31，在其核心区发现了多达 26 个“黑洞候选天体”，创造了在单一河外星系中发现黑洞候选天体数目的最高纪录。这些黑洞候选天体都有 5 ~ 10 倍太阳质量，位于正常黑洞的典型质量范围之内。天文学家观测预言，再过几十亿年，M31 这个距离我们最近的河外星系将与银河系发生碰撞，然后合并为一个更大的星系。

哈勃空间望远镜 1997 年拍摄的仙女座大星系

5 河外星系的种类

自哈勃之后，人们观测发现“宇宙岛”（河外星系）不仅大量存在，而且可构成更大的天体集团或系统，如双星系、多重星系、星系群、星系团和超星系团等。此外，还有分布在星系与星系之间的星系际介质。我们的宇宙中有至少上千亿个河外星系，它们是构成宇宙大厦的基本单元。

星系的质量差别很大。银河系的质量约为 2×10^{12} 倍太阳质量，这在明亮的星系中是典型的。小星系的质量可达 10^6 倍太阳质量，质量很小的星系太暗，不易被看到。观测发现，大部分河外星系可结成十几、几十或上百个成员的星系团，由上千个星系构成的星系集团叫超星系团，还有比超星系团更大的结构，如星系长城等大尺度结构。有学者估计，宇宙中大约只有 10% 的星系属于这种超大规模的天体构造。

由观测发现，河外星系的形态可谓千姿百态、多种多样。哈勃于 1926 年根据形态将河外星系大致划分成 4 大类：椭圆星系、旋涡星系、棒旋星系和不规则星系。

哈勃分类的主要依据是：①核球相对于扁盘的大小；②旋臂的特征；③旋臂或星系盘分解为恒星和电离氢区的程度。因为哈勃的星系分类图形似音叉，故被形象地称为哈勃音叉图。虽然此后很多年人们对哈勃音叉图又有了一些补充，但是这 4 大类是最普遍的。下面分别简单介绍这 4 大类星系的主要特点。

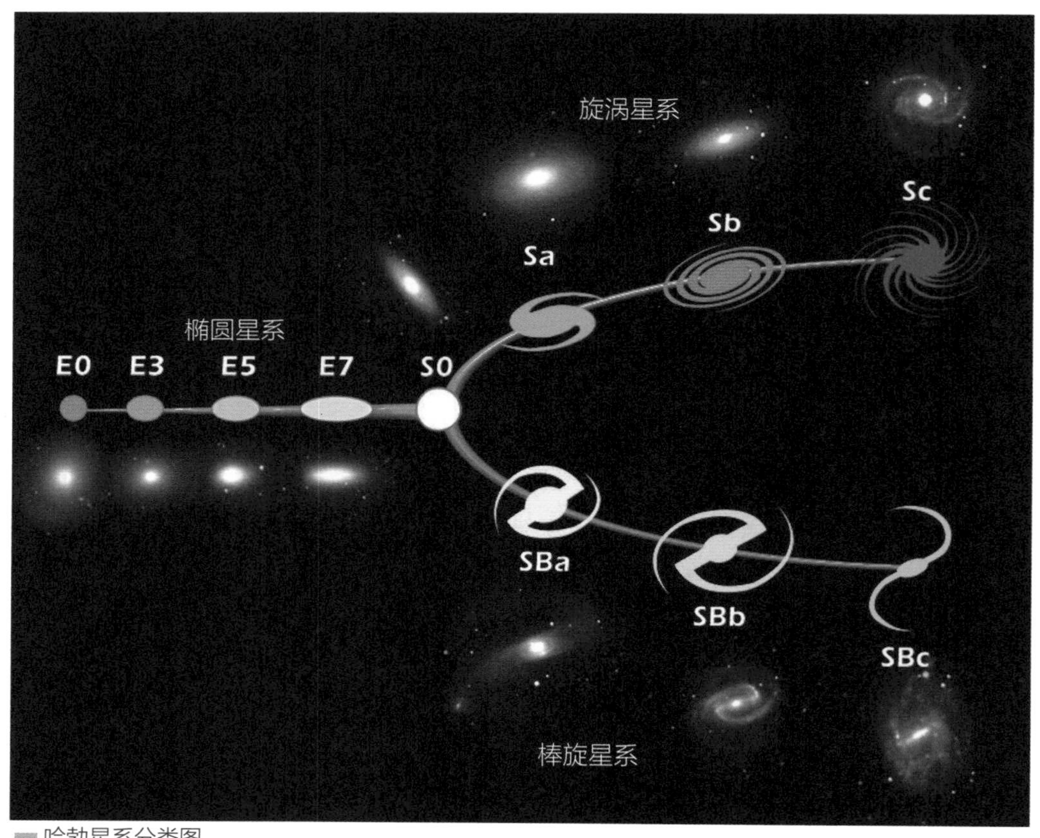

哈勃星系分类图

天炉座椭圆星系 NGC 1316

椭圆星系的符号为 E，其外形为各种不同扁率的椭圆，按扁率的大小又可分为 E0，E1，E2，…，E7 等次型。椭圆星系约占星系的 17%，它们的质量差别很大，超巨椭圆星系可达 10 万亿倍太阳质量，直径达 50 万光年，矮椭圆星系甚至可小到 100 万倍太阳质量。

旋涡星系符号为 S。旋涡星系主体部分的结构是中心为一球状或椭圆球状的核心部分——核球。其外为一薄的圆盘即星系盘，并由核球两端延伸出两条或两条以上的旋臂叠加在星系盘上。在同一个星系里，旋臂的形状都沿顺时针或逆时针方向延伸，给人整个星系以同一方向自转的强烈印象。主体部分的外面是一个近于球状的物质稀疏的星系晕。有学者比喻，星系晕好似寺庙里佛像头部的光环。根据核球大小和旋臂伸展程度，旋涡星系又可分为 Sa，Sb 和 Sc 3 种次型。Sa 型的核球最大，旋臂卷得最紧；Sc 型的核球最小，旋臂最松弛。旋涡星系具有较多的气体和尘埃，主要集中于旋臂和星系盘。

棒旋星系符号为 SB，它与旋涡星系的不同在于，它的旋臂是从一个棒状结构物两端向外伸延出来的。棒旋星系结构的其他特点如核球、星系盘、星系晕等都与旋涡星系类似，也可分为 3 种次型，即 SBa，SBb 和 SBc。

位于波江座的棒旋星系 NGC 1300

旋涡星系及棒旋星系（它们占星系的 80%）的质量最大可达 1000 亿倍太阳质量，直径可达 10 万光年左右。

不规则星系符号为 Irr，其外形没有明显的核心和旋臂，也没有明显的对称结构。不规则星系可细分为两类：Irr I 和 Irr II。前者具有隐约可见的旋涡结构，

詹姆斯·韦布空间望远镜拍摄的斯蒂芬五重星系照片

星族（星系内在年龄、化学组成、空间分布和运动特性等方面十分接近的许多天体的某种集合）组成类似于 Sc 系；后者具有无定形的外貌，甚至分辨不出恒星和星团等成分。

著名的斯蒂芬五重星系（Stephan’s Quintet）是一个星系群，位于飞马座。这个五重星系最早是由法国天文学家爱德华·斯蒂芬（Edouard Stephan）发现的，因此命名为斯蒂芬五重星系。观测表明，这些星系因为激烈的碰撞而互相影响着。史蒂芬五重星系中的四个与另一个在互相碰撞的路上。

由观测可知，星系是恒星因引力聚集在一起而形成的恒星体系，其可谓宇宙中的基本“分子”，或者说像一种合成干果面包中的葡萄干。天文学家发现，孤立的星系占极少数，一般是双重星系（两个有物理联系的星系）或多重星系，例如，仙女座大星系和它附近的 4 个伴星系组成 1 个五重星系。星系与星系之间也会聚集成星系群或星系团。由十几个星系组成的天体系统称为星系群。

我们的银河系所在的星系群叫作本星系群，由约 50 个星系组成，所占区域直径约 1 000 万光年。本星系群的成员星系无明显的向中心集聚现象。

星系团是由相互间有力学联系的大量星系组成的星系集团，一般包括几十个、上百个乃至成千上万个星系。目前发现的星系团已有上万个。距离本星系群最近的星系团是著名的室女星系团（距离我们 9 000 万光年），其包含了大约 2 500 个星系。它又是更大的星系集团——本超星系团的一部分。而位于后发座的后发星系团里大约有 1 万个星系。星系团大体上可分为规则星系团（呈球对称外形，有一个星系高度密集的区域）和不规则星系团（结构松散，无一定外形）。天文学家把由两个以上的星系团组成的星系集团称为超星系团。银河系所属的超星系团称为本超星系团，它包括本星系群、室女星系团及一些较小的星系团，呈扁平状，长径达 2 亿光年，其中心在室女星系团方向。银河系绕着本超星系团中心旋转。

哈勃空间望远镜拍摄的一个编号为 Abell 2744 的星系团照片

6 赫罗图的启示

恒星也像生命一样存在着诞生、生长和消亡的过程。这一课题的研究已成为天文学中一个独立的分支——天体演化学。19 世纪末 20 世纪初，人们通过观测分析恒星的光谱积累了大量资料，为揭示恒星演化的秘密提供了宝贵的线索。

在哈佛光谱分类出现之前不久，美国哈佛天文台女天文学家莫里于 1897 年发表了一个星表。星表把恒星光谱分为 22 个型，每型又细分为 a，b，c 等 7 个次型，以表示同型光谱在谱线细节上的微小差异。当时，她的同事们认为这种分类过于烦琐，连台长皮克林教授对此都不感兴趣。后来，人们便采用了另一位女天文学家坎农提出的分类法。有趣的是，莫里的光谱分类法引起了丹麦天文学家赫茨普龙的极大兴趣，并由此获得了非常重要的发现。

20 世纪初，赫茨普龙在研究恒星光谱时感到有的天文学家的光谱分类过于粗糙，特别是有的还把不同视亮度的恒星的自行放在一起笼统地进行统计。于是，他选择了以莫里的光谱星表为基础进行恒星研究工作。他在统计分析时注意到，对于同样视亮度的恒星，莫里女士的分类中各型的 c 次型恒星的平均自行总比其他次型要小得多。c 次型谱线在所有 22 个型的次型中最窄、最明锐。

赫茨普龙想到，如果恒星在空间是随机运动的，那么从统计平均的角度来看，离我们同样远近的恒星的自行应相差不多。因此，同样视亮度的 c 次型恒星平均自行小得多这一现象说明，这类恒星位于更遥远的地方。若把这类恒星移近到与别的恒星同样距离处，它们必然会“出类拔萃”地明亮，也就是说，前面提到的 c 次型恒星有大得多的光度。

赫茨普龙在研究中还发现了这样一个观测事实：根据恒星光谱特征，红色恒星可分为很亮的和很暗的两类。橙色星和黄色星中亮暗之分不够明显，而蓝色或蓝白色星都是表面温度很高的亮星。他把上述光度很大的恒星（如 c 次型恒星）称为巨星，而把光度很小的恒星称为矮星。1905 年，他根据恒星的光度

红巨星与太阳、白矮星大小比较示意图

（绝对星等）和颜色（光谱型）之间的统计关系做了一张图，称光谱－光度图。几乎在同一时期，美国天文学家罗素也独自创制了这种图。后来，人们把这种简单明了反映恒星演化的光谱型与光度之间关系的图称为赫茨普龙－罗素图，简称“赫罗图”。

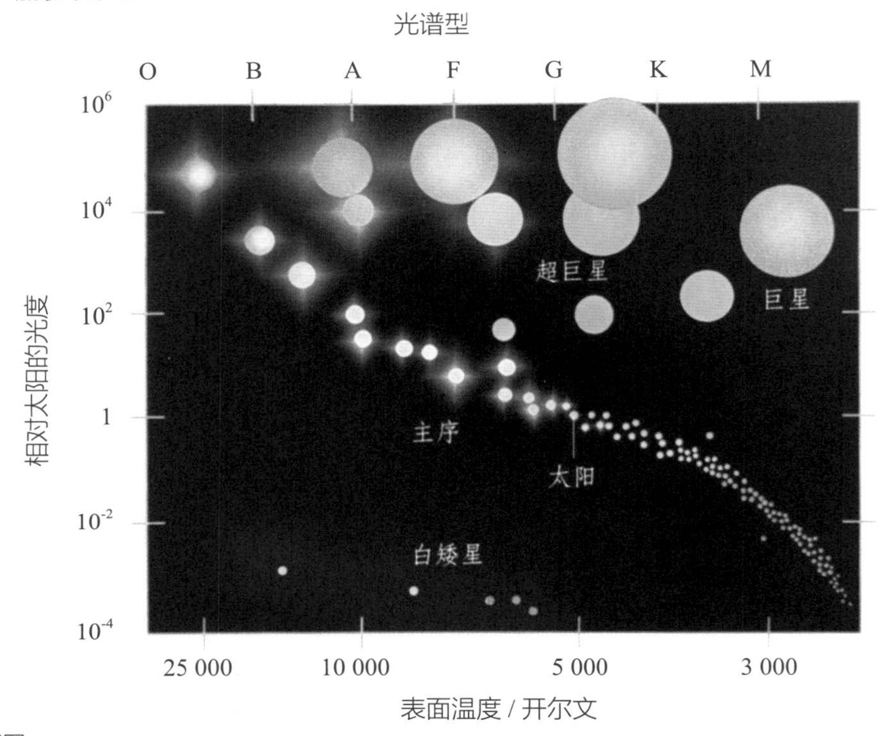

赫罗图

赫罗图是恒星光谱类型与光度的关系图。图的纵轴是光度与绝对星等。横轴则是光谱类型及恒星表面温度。从图中可以发现，两者有明显的相关性：大多数恒星位于图的左上方（明亮的蓝色恒星）到右下方（暗淡的红色恒星）的对角线上，这些恒星称为主序星。有一小部分红色恒星（红巨星）却非常明亮，位于右上方；还有一小部分恒星（白矮星）虽然很暗，却是白热的，位于左下方。

赫罗图最明显特征是，代表恒星的“点”大多落在从图的左上角延伸到右下角的一条线（对角线）上，这条线构成的恒星带为主星序。图的左上角是炽热而明亮的蓝色星，右下角是较冷的、暗淡的红色星。在主星序右上方分布着较弥散的星带，称为巨星序，主要是红巨星和超巨星；主星序的左下方是白矮星集中的区域，典型的这类恒星的大小和地球的大小差不多，其光度比较暗，却炽热，从表面上发射出蓝白色光。

既然巨星序所表征的恒星既冷又亮，其为什么会发出耀眼的光芒呢？天体物理学上的斯忒藩定律向人们指明，在面积相同（比如都是 1 平方千米）的情况下，较冷恒星表面所发出的光比较热恒星要少得多。这么来说，前面提到的巨星的特征难道违反了这一科学定律吗？答案是：并未违反。因为，一颗较冷恒星如果表面积大就能够产生大量的光。对于巨星来说，虽然每平方千米表面积只产生中等数量的光，但它表面积大，最终结果，它仍会成为一颗明亮耀眼的恒星。巨星表面温度较低，所以发射出来的光绝大部分是红光。

罗素当年曾提出了一个恒星演化的理论假说。他认为，从密度小、体积大的红巨星开始，恒星沿水平方向在赫罗图上从右向左移动。在到达左上方的主星序顶端后，沿着主星序从左上向右下逐渐变化、过渡。由于恒星本身引力收缩，密度增大，最后终止于体积很小的白矮星。20 多年后，科学家们发现了恒星的热核能源，后来人们又提出了黑洞、白洞等理论，罗素的假说便被抛弃了。

但是，人们从赫罗图曾得到过重要启示，即**太空中存在 3 类极不相同的恒星——主序星、红巨星和白矮星**。有的学者比喻说，它们相互间的不同程度就好像苹果、西瓜和葡萄之间的区别一样。它们为什么会如此不同呢？它们之间有什么关系吗？

天文学家在研究、讨论恒星时，常用太阳的质量来表示恒星的质量，即把太阳质量作为一种单位，用符号 $M_\odot$表示。太阳质量约为 2 000 亿亿亿吨。宇宙空间其他恒星的质量一般为 0.1 ～ 50 倍太阳质量。当恒星质量测定成为可用的数据资料后，人们注意到一个有趣的动向，对于主序星，恒星的质量与其光度直接有关，小质量的恒星较为暗弱，而大质量的恒星则较为明亮，这就是天文学上有名的质光关系，即质量越大的恒星越有发光能力强的倾向。占恒星总数 90% 的主序星都符合质光关系。

如赫罗图所示，只有主序星受这个关系的约束，对于红巨星或白矮星，这关系并不适用。由此可见，在赫罗图上，主星序确实是按照恒星表面温度、光度与质量排列出的一条连续序列。观测事实告诉我们，暗弱而冷的那些红色恒

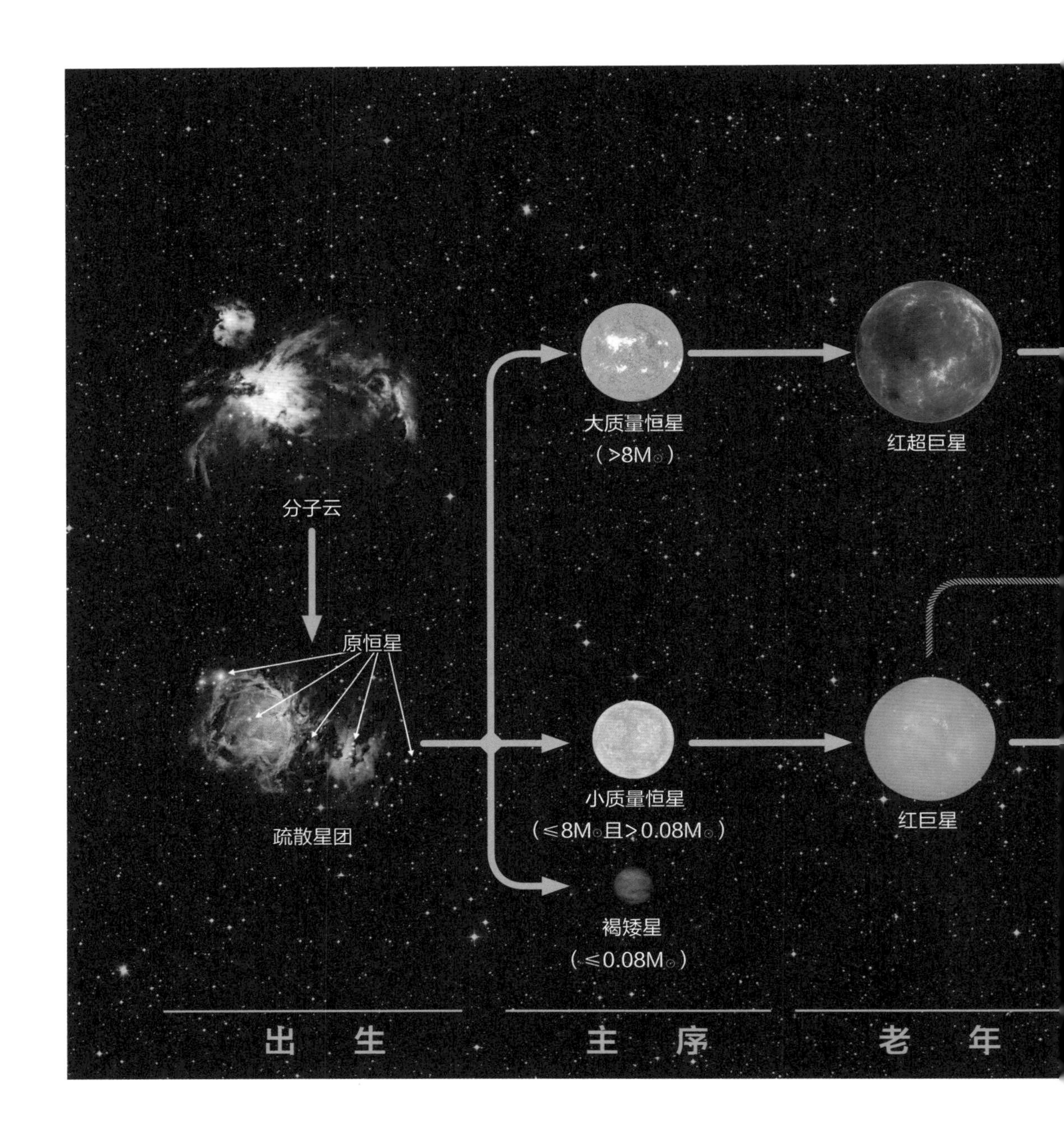

星（代表它们的点出现于赫罗图的右下角）是些质量很小的恒星，明亮而炽热的蓝色星（代表它们的点出现在赫罗图的左上角）是些质量很大的恒星，光度与温度居中的恒星具有大小适中的质量。

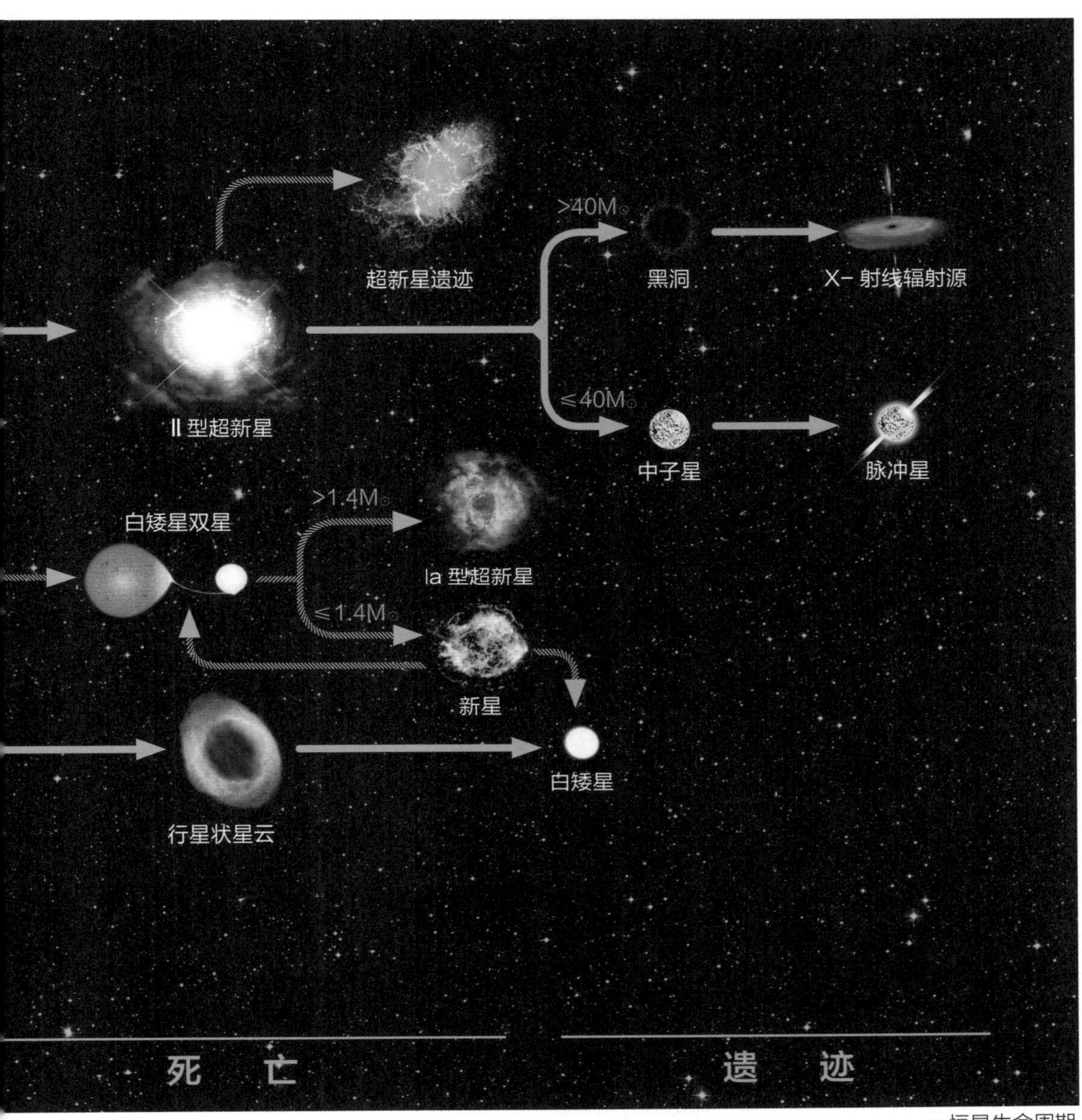
超新星遗迹
>40M⊙
黑洞
X- 射线辐射源
Ⅱ型超新星
≤40M⊙
中子星
脉冲星
>1.4M⊙
白矮星双星
Ia 型超新星
≤1.4M⊙
新星
白矮星
行星状星云
死 亡
遗 迹

恒星生命周期

7 星云与恒星演化

恒星之间的辽阔空间称为星际空间。星际空间并非真空，那里存在星际气体、尘埃、星际磁场、宇宙线和各种各样的星际云。**天文学家一般把太阳系以外、银河系以内的一切非恒星状的气体、尘埃云统称为星云。**

星云物质的主要成分是氢，约占 70%，其次是氦，此外，还有一定比例的碳、氧、氟等非金属元素和镁、钾、钠、钙、铁等金属元素。近年来，人们发现其中还存在多种有机分子。观测表明，星云中各种元素的含量与宇宙元素的丰度是一致的。

星云根据形态可分为行星状星云和弥漫星云，根据发光性质，可分为发射星云、反射星云和暗星云。

像行星那样有明晰边缘的圆面状星云称为行星状星云，它们往往略带绿色，其质量为 0.1 ～ 1.0 倍太阳质量，线直径小于 0.1 秒差距。用望远镜可以看出星云呈圆形或扁圆形，在圆盘状中央有一颗高温恒星。星云被中央高温恒星激发发光，光谱中有发射线，属于发射星云。行星状星云是恒星演化到晚期抛出的物质。中心星抛出星云后，迅速坍缩，光度和温度迅速上升。当光度接近太阳光度的 2 万倍时，因引力收缩获得的能量消耗殆尽，光度和温度又迅速下降，恒星很快地向矮星过渡。目前观测到许多行星状星云正在膨胀，速度典型值为 20 千米 / 秒。

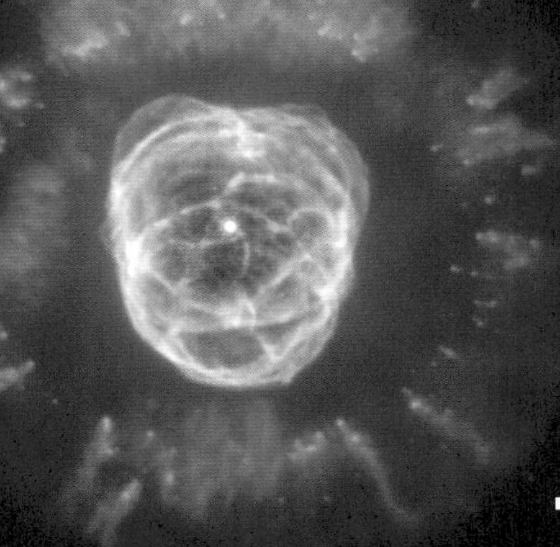

爱斯基摩星云（NGC 2392，行星状星云）

宝瓶座南边的 NGC 7293（又叫螺旋星云）

它是最接近地球的行星状星云之一，是类太阳恒星在结束生命后成为行星状星云的一个典型例子。

猎户座马头星云（暗星云）

弥漫星云形状不规则，且由于物质稀薄而常常没有明确的边界，平均直径为几十光年，质量可达太阳质量的几十倍到几千倍。猎户座大星云就是著名的弥漫星云。由于它的光谱中存在发射线，又属于发射星云，观测发现，有一些弥漫星云内或其近旁存在亮于 Bl 型的高温恒星，星云受这些高温恒星的紫外辐射激发而发光，这类星云称为弥漫发射星云。弥漫星云可按发光情况分为暗星云和亮星云。猎户座的马头星云属于一种不透明的暗星云。亮、暗星云之间没有本质上的差别，只是暗星云的尘埃含量偏多一些，因而遮挡星光。

另一类亮星云的发光原因与发射星云不同，在观测中可见吸收光谱，即它们是反射和散射照亮它的恒星之光而显得发光的，故称为反射星云。反射星云的照亮星温度不很高，光度也不大，缺乏强烈的紫外辐射，故不能激发星云中的原子发光。反射星云不是纯粹的尘埃云，只是尘埃的含量相对多些。金牛座昴星团附近的星云 NGC 1432 即著名的反射星云。

星云既是恒星的坟墓，也是其获得新生的地方，所以我们说，物质不灭，不过演化罢了。

一般认为，恒星在形成过程中，其密度是由稀到密的，即稀薄的气体云和尘埃物质在自身的引力作用下凝聚收缩成恒星。由观测可知，星云中的氢元素约占 70%，其余的是氦和其他元素。一般来说，星云的温度在 100 开尔文以下，密度为 10^{-22} ～ 10^{-20} 克 / 厘米 ^{3}。大块星云的质量为 10^2 ～ 10^4 倍太阳质量。

星云在自身引力作用下会很快收缩，质量愈大收缩得愈快。收缩中，引力势能转化为热能而发光。星云内部温度升高、压力增大，致使收缩变慢。收缩显著减慢后，渐而形成“胚胎星”——原恒星，这是恒星演化早期阶段的天体。原恒星的辐射主要在红外波段。天文学家在猎户座大星云中观测到了红外辐射源，并认为其中包含了许多原恒星。

原恒星不断地向外辐射能量，必然导致其进一步收缩，且恒星很快地自转，磁场也很强，这是造成其不稳定的两个重要因素。在收缩过程中，原恒星的压力、温度和密度都逐渐增加，当核心温度升高到 700 万摄氏度时，氢核聚变为氦核的热核反应便开始动起来了，这种反应代替了引力收缩成为恒星的主要能源。核辐射产生的压力在与其自身的引力达到平衡时，原恒星的收缩过程停止，一颗恒星诞生了。这时，恒星进入演化的中期，称为主星序阶段，它是恒星一生中时间最长的一个时期。我们的太阳进入这个时期已有大约 50 亿年了。

大质量的原恒星仅用几千年就可达到主星序阶段，成为高光度的蓝色星。质量较小的原恒星在其中心开始热核反应前则要经历几亿年之久，然后成为光度小的红色星。

在高密度分子云中诞生的恒星

恒星的生长期主要是在主星序阶段，人们在夜晚所看到的绝大多数恒星都是主序星。由太阳物理学、原子核物理学、恒星光谱分析等知识可知，主序星的能源主要来自其中心区的热核聚变反应，其性质与太阳内部氢聚变为氦的模式类似。恒星在主星序上生活的时间主要由其质量来决定。一般在大质量的恒星中，质量转变成能量的速度比小质量的恒星要快，因此它在主星序上停留的时间要短得多。

在恒星演化过程中，其内部的热核反应是一个持续不断的过程。一般来说，恒星中氦约占 25%，其余的大部分是氢，其他成分约占总成分的 1% ~ 2%。恒星的内部好似一座以氢原子核为燃料的热核反应炉，即在氢聚变为氦的过程中释放出很大能量。当恒星的核心部分星核的氢燃料耗尽时，星核中心收缩释放的引力能使恒星的氢壳层燃烧，同时恒星外层向外膨胀。与此同时，星核的收缩还使这个热核反应炉升温（可达到 2 亿摄氏度），氦开始燃烧，这时星核收缩停止。在赫罗图上，恒星离开主星序向红巨星方向移动。红巨星的核心所进行的是氦聚变为碳的热核反应。这个时候，在恒星上氢壳层聚变为氦和星核中氦聚变为碳的核反应同时进行，至此，恒星步入了衰老时期。

恒星演化到红巨星阶段时，在赫罗图上向左移动，恒星出现周期性膨胀和收缩，如造父变星和天琴座 RR 型变星就是处在这一时期的恒星。当恒星经此脉动阶段后，会成为一颗爆发变星，也有的恒星不经过脉动阶段而直接从红巨星变为爆发变星，如新星、再发新星、耀星及矮新星（爆发规模较小但频次较高的爆发变星）等。此外，也有的恒星在经红巨星阶段后，演化成行星状星云。

美籍印度裔天体物理学家钱德拉塞卡利用量子力学和相对论中的概念，研究了白矮星平衡和稳定的性质，证明存在一个质量上限，即**所有白矮星的质量必须小于 1.44 倍太阳质量这个临界值，如果大于 1.44 倍太阳质量，就会失去稳定，这个临界值被称为钱德拉塞卡极限**。钱德拉塞卡因研究恒星演化的卓越成就荣获了 1983 年的诺贝尔物理学奖。

由上述可见，恒星的最终归宿取决于恒星质量的大小。对小于或等于 1.44

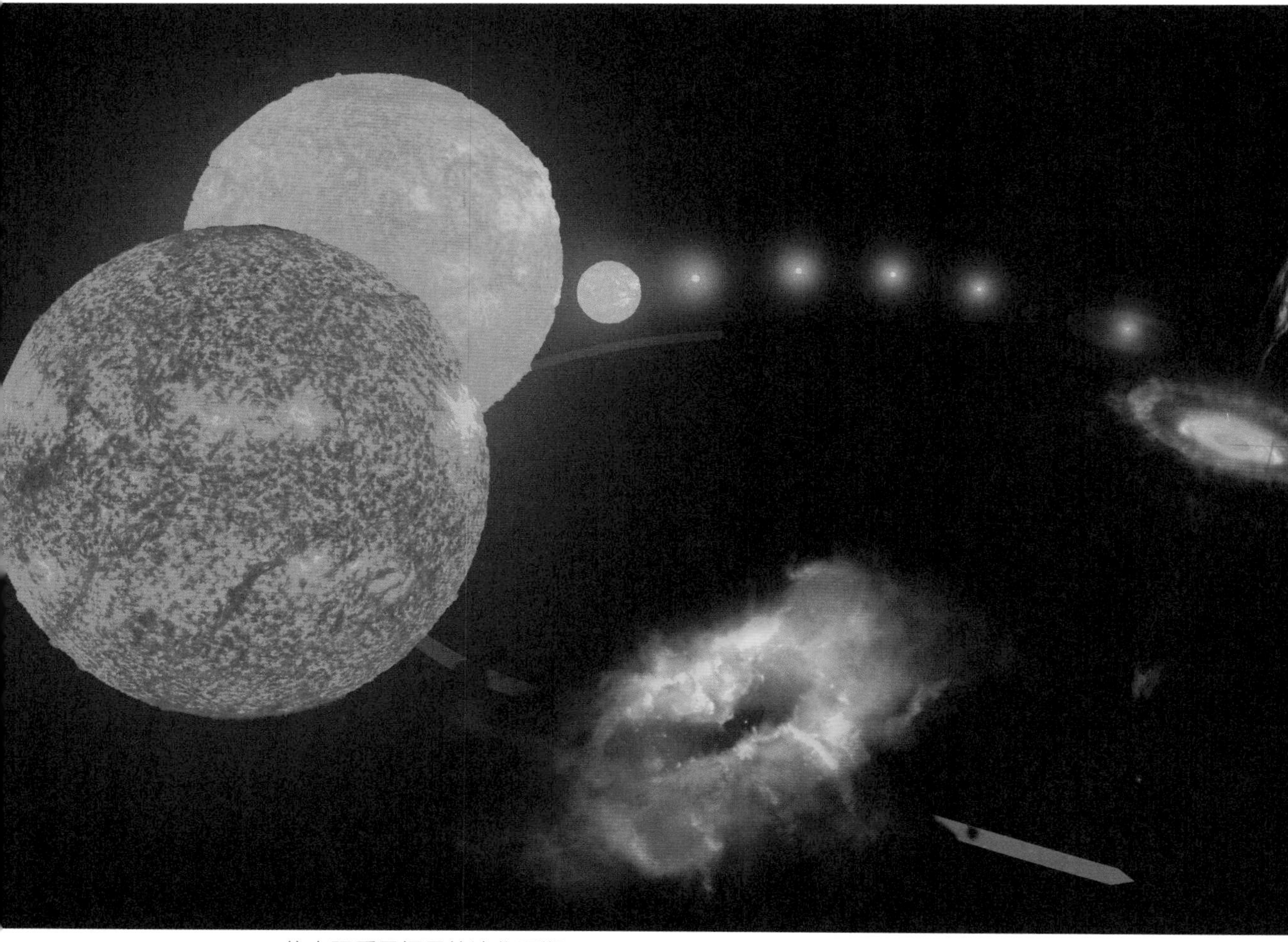

0.8 ~ 8 倍太阳质量恒星的演化周期

倍太阳质量的恒星，在经历红巨星或脉动阶段以后，会演变成行星状星云的中心星。中心星在几万年内连续地向外抛射云状物质，在抛射结束之后便很快演化成一颗稳定、光度小、体积很小但密度极大的白色星——白矮星。它已无强作用的热核反应，仅靠星体内剩余热能发光，最后便不再发光，成为黑矮星了。到此，恒星的一生便完结了。

如果恒星的质量大于 1.44 倍太阳质量，但小于 3.2 倍太阳质量，恒星中电子间的斥力（根据物理学泡利不相容原理）不足以顶住压力，电子将被压入原子核中，与质子形成中子。中子之间的斥力可以顶住万有引力，于是形成了中子星。中子星是一种稳定的致密星，即恒星核能耗尽之后经过引力坍缩而形成的星体。中子星的外层为一固体外壳，外壳下面是一层主要由中子组成的流体，再里面的物态尚不清楚。1968 年 10 月，射电天文学家发现了一颗处于蟹状星云中心的脉冲星（一种周期性地进行脉冲式辐射的恒星）。不少天文学家认为，脉冲星实际上就是高速自转的中子星。

一些天文学家认为，如果恒星质量超过 10 倍太阳质量，经过超新星爆发后其中心余下的质量大于 3.2 倍太阳质量，没有任何已知的力能够抗住万有引力，坍缩的结果是形成另一种致密天体——黑洞。任何星体在坍缩形成黑洞后，将失去几乎全部信息，仅有总质量、总角动量和总电荷 3 个物理量可以被外界探测到。虽然人们看不见黑洞，但其强大的引力场却可以影响附近天体的运动。当黑洞的强引力使得周围的物质以极大速度坠入黑洞时，坠落物质在沿螺旋形曲线下坠过程中会发出很强的 X 射线或伽马射线，由此，人们可以间接地发现黑洞的存在。

第四章

探秘宇宙的起源

1 发现河外星系都在高速退行

星系是构成宇宙大厦最基本的“砖块”。这一科学结论并不是一下子就得出来的。20 世纪初，美国亚利桑那州旗杆镇洛韦尔天文台台长洛韦尔认为：旋涡星云可以演化成类似太阳系这样的天体系统。这种想法现在看起来很可笑，但是那时人们几乎都认为旋涡星云是气体星云。洛韦尔责成该台的研究人员斯莱弗观测搜寻旋涡星云旋转的证据。斯莱弗是位自学成才的天文学家，毕生刻苦钻研，有娴熟的天文观测技术和深厚的数理基础。他发现旋涡星云都很暗，对其做光谱研究很困难。

直到 1912 年，斯莱弗才由光谱分析确定了第一个旋涡星云的视向速度，即仙女座大星云以约 300 千米 / 秒的速度向着地球运动。他是第一个把物理学中的多普勒效应应用于旋涡星云研究的人。后来，他用同样的方法测量了十几个旋涡星云的运动，结果发现所有这些星云（除仙女座大星云外）都存在光谱线的红移现象。谱线红移是怎么回事呢？

在天文学上，河外星系光谱谱线的红移量通常用 z 表示，$z=\dfrac{\lambda-\lambda_0}{\lambda_0}$，式中 λ_0 表示某元素谱线的波长，λ 表示河外星系光谱中同一谱线的波长。根据物理学中的多普勒效应，当光源远离观测者运动时，光源的波长变长，即谱线出现红移；相反，当光源趋近观测者运动时，光

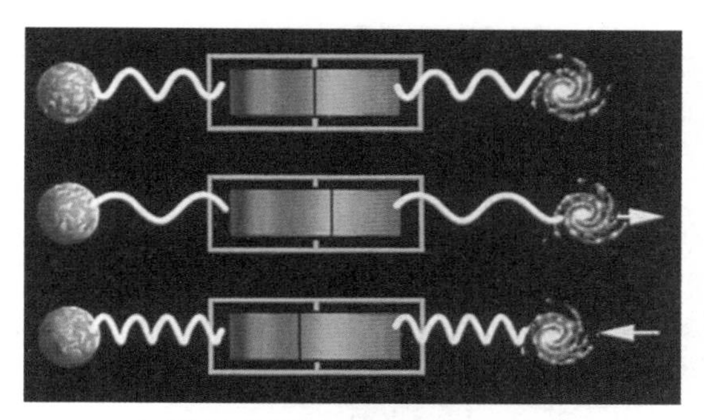

河外星系谱线红移以及紫移示意图

波变短，即谱线向紫端位移，即紫移。位移量 $=\frac{\lambda-\lambda_0}{\lambda_0}=\frac{V}{c}$，其中 V 为光源相对观测者的运动速度，c 为真空中的光速。

天文学家是这样分析研究河外星系的运动的：如果认为星系红移是多普勒效应引起的，那么河外星系谱线红移便意味着星系在远离我们而去，根据上述公式得出的位移量即红移量 z，由 $z=\frac{\lambda-\lambda_0}{\lambda_0}=\frac{V}{c}$ 可计算出其退行速度。比如当 z=0.158 时，其退行速度可达 47 400 千米 / 秒。

在当时，人们并不知道斯莱弗观测到的旋涡星云是河外星系。这些旋涡星云的谱线红移，表明它们正在背离我们而去，故称为退行，由观测发现，其退行速度高达 1 000 千米 / 秒。1921 年，有的天文学家根据斯莱弗的观测和一些天文学家的设想，按照大的退行速度可能意味着距离远的道理，推断旋涡星云可能不是银河系内的天体。从那时起，人们认识到，退行运动可由吸收线向光谱红端的移动来表示，红移这一术语在天体研究方面使用非常广泛。

1929 年，美国天文学家哈勃得出了划时代的伟大发现。哈勃用造父变星周光关系测距方法肯定了旋涡星云在银河系之外，到 1929 年时，已经测出 18 个星系的距离和 26 个星系的视向速度，速度都在 1 000 千米 / 秒以内。哈勃对已有的红移资料和新测得的距离数据进行了分析研究。

当时，哈勃研究分析了 24 个河外星系的距离与红移（基于斯莱弗的观测资料），结果，他发现河外星系的距离和视向速度之间呈线性关系，即星系的距离

哈勃在帕洛玛山口径 200 英寸（5.08 米）海尔望远镜的观测笼中留影（1948 年）

越远，其视向速度越大，用公式表示为 $V_r=cz=H_0r$，这就是后来举世闻名的哈勃定律。式中的 c 为光速，z 为红移量，r 为距离。H_0 这个量是哈勃测定的常数，后来被定名为哈勃常数，其单位是千米 /（秒·兆秒差距）。H_0 的实际意义表示星系的视向速度（或看作星系退行速度）每远出兆秒差距的距离速度增加 H_0 千米 / 秒。

例如，取 H_0 =50 千米 /（秒·兆秒差距），某星系 W 的 V_r=1 000 千米 / 秒，则比 W 星系远 100 万秒差距的 X 星系的 V_r=1 050 千米 / 秒，而比 W 星系近 100 万秒差距的 U 星系的 V_r=950 千米 / 秒。天文学家虽然肯定了哈勃定律是完全正确的，但是星系距离和退行速度的比例系数（哈勃常数）取值并不一致，其原因在于测定星系距离并不是一件很容易的事。

哈勃当时把 H_0 值定为 500 千米 /（秒·兆秒差距）（可读作每秒每兆秒差距 500 千米）。哈勃 1953 年病逝，他的学生桑德奇继承了他观测宇宙的事业。桑德奇等人在更大范围内做了进一步精确的测量，最后把哈勃提出的常数值作了较大的修正，即把它降至 50 ～ 100 千米 /（秒·兆秒差距）。

迄今哈勃常数的测定仍有一倍左右的误差。几十年来，关于哈勃常数精确值的讨论或者说“哈勃常数战”实际上仍是关于距离测量精确性的辩论，亦即关于距离测量方法和技术的可靠性的争论。

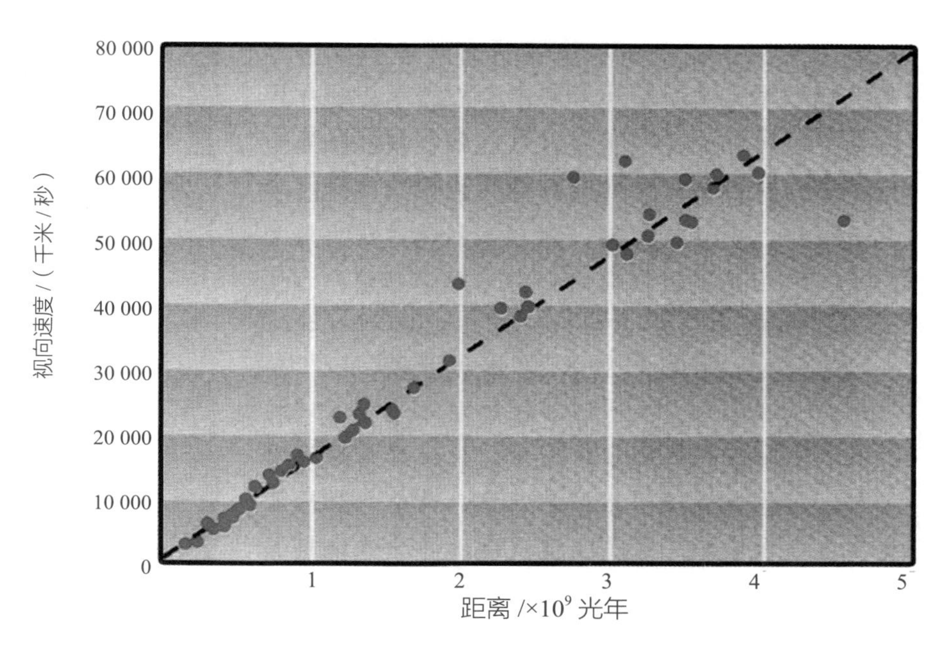

反映河外星系退行的哈勃定律图示——哈勃图

星系离我们的距离越远，退行（远离我们而去）的速度越快。

哈勃定律向人们展示了一个宇宙事实：几乎所有的星系都在以极大的速度远离我们而去。哈勃定律的含义是什么呢？当时，哈勃和他的得力合作者哈马逊谨慎地采用了星系视退行这一名称。乍看起来，星系退行速度与星系的距离有关，似乎表明地球（或太阳系）又被置于宇宙中心位置了（而宇宙是没有中心的），其实不然。有的天文学家比喻说，这就好像一块正在发酵的面团，不论从面团上哪一点来看，各点都离它而去，距离越远的点退行越快。因此，哈勃定律描绘的是宇宙正在膨胀。

那么，我们的宇宙为什么会膨胀呢？

2 什么是类星体

类星体是银河系以外的天体，发现于 1963 年，现在认为它是活动星系核中活动性极强、平均红移最大的一类。类星体的发现和认证得益于射电天文学。从类星体这个名字人们就可知道，这是一种与星体结构类似的天体。它与恒星最为相似的地方就是两者都能向外发射电波。

表面看来，类星体的体量放在宇宙当中其实并不算大，一般都不会超过普通的星系，但从观测得知，一个类星体内部所蕴藏的能量却比普通的星系高出几千亿倍。在天文学界，类星体被称为能够秒杀黑洞的天体。因为它与黑洞一样，也有着对周围物质的吞噬能力，而且在类星体中心一般都有一个巨大的黑洞存在。仅从光学望远镜拍摄的照片看，类星体似乎与普通恒星没有多大区别。

早在 20 世纪 50 年代，射电天文学有了很大发展，射电望远镜已能够分辨单独的射电源，在这些射电源里已经包含了不少类星体，但当时人们对此并不清楚。当天文学家们试着用光学望远镜辨认这些射电源所对应的可见天体并研究它们究竟是什么天体时，类星体的发现便成为必然的事了。发现类星体的荣誉归功于旅美荷兰天文学家施密特，时间是 1963 年。

早在 1960 年时，美国帕洛玛天文台天文学家桑德奇首先在三角座找到了射电源 3C 48 的对应体，即《第三版剑桥射电巡天星表》中编号为 48 号的射电源的光学对应体。天文学家发现，这是一颗很暗的 16

类星体概念图

等星，看上去像很普通的恒星，但是其光谱中具有相当宽的发射线，这些谱线在光谱中的位置很奇特，紫外辐射比通常的恒星要强得多，而且具有光度变化。天文学家当时说不清楚它究竟是星云、星系、超新星遗迹还是什么别的天体。到了 1962 年，为了继续证认《第三版剑桥射电巡天星表》中的射电源的光学对应体，澳大利亚国立射电天文台的天文学家做了几次月掩 3C 273 的观测。射电源 3C 273 位于室女座，因此那年夏末到秋季它有 3 次被月球遮掩。由于月球在天空中的位置是可精确知道的，只要简单记下 3C 273 的射电波被月球“截断”的时刻，人们就可以定出 3C 273 的正确位置。

果然，天文学家在 3C 273 的位置上发现了一颗光学对应体，即一颗星。1963 年，他们宣布 3C 273 是一个双射电源，即中间有一颗 13 等的蓝星体。和 3C 48 一样，它也具有一些无法证认的宽发射谱线，当时大家都认为 3C 48 和 3C 273 是在银河系中邻近的特殊恒星。当时，施密特使用帕洛玛天文台口径 5 米的望远镜进一步观测了 3C 273。施密特于 1956 年在荷兰莱顿大学获得博士学位后，就来到此天文台长期从事银河系结构和星系动力学等方面的研究工作。

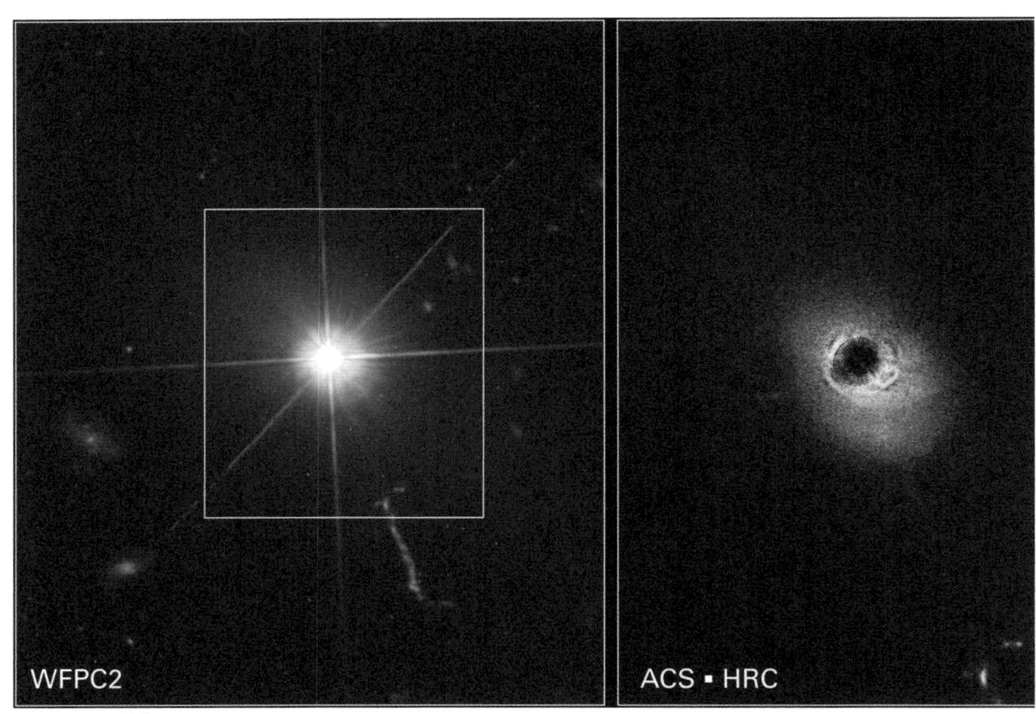

3C 273 影像

施密特准确地测量了 3C 273 的各条发射线的波长。他发觉，其中有 4 条最亮谱线之间的相对位置与氢的 4 条谱线完全相同，但 3C 273 的这 4 条谱线在彩虹般的色彩中的位置却远离它们所应在的位置。它们的波长比通常情况下的这 4 条线的波长长得多。如果 3C 273 是一颗我们星系附近的恒星，那么这 4 条谱线就不可能是熟知的氢线。由此看来，它不是一颗附近的恒星。

施密特从这个直观的想法出发，很快就证实这 4 条谱线就是氢的谱线和电离氧的禁线，只不过它们都向长波方向（光谱的红端）位移了很多，即它们红移了约 16%，这相应于 45 000 千米 / 秒的高速。根据哈勃定律，这个大红移量意味着 3C 273 距离我们 30 亿光年。

在 3C 273 被证认的启示下，人们很快把 3C 48 的红移值也测了出来，即 $z = 0.367$。这个数据表示，它正在以 11 万千米 / 秒的速度远离我们而去。至此，类星体被宣告正式发现。

类星体的英文名称是 quasar，类星体这个翻译名词最初由邱宏义提出，后来被国际同行们接受和公认。北京师范大学天文系何香涛教授在 1982 年创造性地改进了证认的方法，并且获得了很大成功，他的工作使已发现的类星体从 1 500 多颗很快增加到 2 000 多颗。后来，人们陆续发现了上万颗类星体。

类星体的主要特点是：在照相底片上具有类似于恒星的像；光谱中具有强而宽的发射线，包括容许谱线和禁线；紫外辐射和红外辐射反常地强，光学辐射具有非热的性质；有些类星体（类星射电源）发出强烈的非热射电辐射；一般都有光变，时标为几年到几天；发射线有很大红移；有些类星体具有吸收线，吸收线有多重红移现象；已发现越来越多的类星体发出 X 射线。类星体表现出来的种种奇异特性，至今仍使天文学家们感到困惑。

类星体最重要的特点之一是红移很大。例如，1982 年 3 月，在澳大利亚的英澳天文台发现一个视星等为 17.5 等、红移值为 3.78 的类星体，如果仍用多普勒效应来解释它的红移，它所代表的宇宙距离大约是 360 亿光年。近年发现其最大红移量接近 5，这简直令人难以相信。所以，解释类星体红移是天体物理的重要研究课题之一。关于这一点，目前仍有争议。

在研究过程中，有的天文学家认为类星体的红移不是多普勒效应造成的，即认为哈勃定律不适用于类星体，它的距离未处在遥远的宇宙距离上，有人甚至提出类星体是银河系附近的天体。有的学者认为，类星体是银河系或河外星系中喷射出来的天体。也有人提出，其光线在漫长的宇宙中遨游时，组成光的光子会老化，或者被宇宙物质红化，结果使波长变长了。上述观点一般称为非宇宙论性红移观点。对此尚需进一步观测研究。与此相反的是所谓宇宙论性红移观点，即认为类星体的红移和一般星系的红移在本质上是一样的，都符合哈勃定律。

目前，大多数天文学家认为类星体红移是宇宙学红移，它们是距离非常遥远、能量非常高的天体。研究表明，类星体和活动星系关系密切。活动星系（又称激扰星系）都有一个处于剧烈活动状态的核。活动星系核在许多方面都与类

艺术家想象中的类星体

星体相似：体积很小，光谱中有很强的发射线，发出从射电波段到 X 射线波段的非热辐射，经常有光变和爆发现象，等等。因此，类星体在本质上可能属于某种活动星系，后来观测到的类星体现象属于星系核的活动。当然，如果类星体位于宇宙学距离，那么，它们的活动会比一般活动星系更为剧烈，功率也更大。也有天文学家猜测，类星体是遥远的巨椭圆星系。就光学性质而言，类星体酷似 I 型塞佛特星系。因此，现在更倾向于类星体是遥远的塞佛特星系这种看法。

类星体的另一个特点是超光速现象。目前发现，3C 345 等几个类星体射电源的两致密子源以很高的速度分离。如果类星体位于宇宙学距离，两子源向外膨胀的速度将超过光速，最大的可达光速的 10 倍。有人认为，类星体并不位于宇宙学距离，这就根本不会出现超光速现象。但是，观测发现，有一个射电星系也存在类似的超光速现象，而射电星系无疑位于宇宙学距离。可见，这种看法的证据尚不充分。另一种看法认为，超光速现象是存在的。但是，为了不与相对论矛盾，认为这种现象并不反映粒子的真实运动，而是某种假象，因而是视超光速膨胀。目前，已提出好几种模型来解释视超光速现象，但都没有彻底解决问题。经过多年对类星体的深入观察和研究，人们曾认为类星体是宇宙中最古老、最遥远的天体，但这一观点后来逐渐被否定，红移大于 6 的类星体被定义为星系，而非类星体。举例来说，NICMOS 型近红外照相机和哈勃空间望远镜的多天体光谱仪在大熊座天区发现了大量距离较远的星系，其红移范围从 5 到 7 不等。许多高红移星系，如 Abell 2218，Abell 1689，也是通过引力透镜效应被发现的。

3 什么是黑洞

黑洞是宇宙中一种极为特殊的天体，它的质量极大，引力极强，在它周围的一定区域内，连光也无法逃逸出去，这个边界称为事件视界。

200 多年前，英国的米歇尔和法国的拉普拉斯提出：一个质量足够大但体积足够小的恒星会产生强大的引力，以致连光线都不能从其表面逃走，因此这颗星是完全“黑”的。但这一结论随后被人遗忘。

1915 年，爱因斯坦发表广义相对论不久，德国数学家史瓦西得到了静态球对称情况下爱因斯坦场方程的一个解，解在一个特殊半径（后称史瓦西半径）处存在奇异性。这种不可思议的天体后来被美国物理学家惠勒命名为黑洞。后根据黑洞本身的物理特性——质量、角动量、电荷，将黑洞划分为以下 4 类。

（1）不旋转不带电黑洞，称史瓦西黑洞，时空结构于 1916 年由史瓦西求出。

（2）不旋转带电黑洞，称 R-N 黑洞，时空结构于 1916 — 1918 年由赖斯纳和纳自敦求出。

（3）旋转不带电黑洞，称克尔黑洞，时空结构由克尔于 1963 年求出。

（4）旋转带电黑洞，称克尔 - 纽曼黑洞，时空结构于 1965 年由纽曼求出。

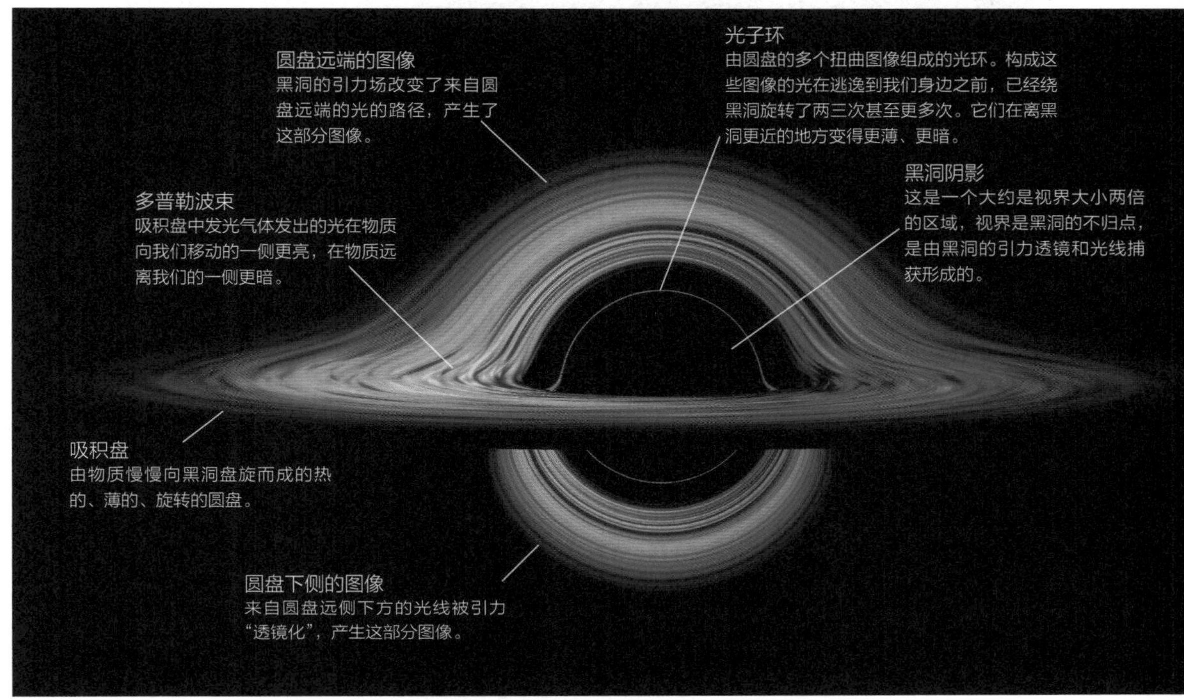

NASA 模拟的一个由薄吸积盘照亮的施瓦西黑洞地平线外的景象

黑洞通常因聚拢周围的气体产生辐射而被观测到，这一过程称为吸积。高温气体辐射热能的效率会严重影响吸积流的几何与动力学特性。包围黑洞的吸积盘可分为辐射效率较高的薄盘及辐射效率较低的厚盘。

吸积是天体物理中最普遍的过程之一，正是因为吸积才形成了我们周围许多常见的天体结构。在宇宙产生的早期，当气体朝由暗物质造成的引力势阱中心流动时就形成星系。恒星是由气体云在其自身引力作用下，经过坍缩碎裂，进而通过吸积周围气体而形成的。行星也是因为出现在新形成的所谓第二代恒星周围，经过大量的气体和岩石的聚集而形成的。

1918 年，利克天文台天文学家希伯·柯蒂斯发现来自室女座 M87 星系的物质喷流，并将其描述为“古怪的直线光束”。这道喷流由 M87 的核心向外延伸至少 5 000 光年，源自星系的物质喷流非常像黑洞造成的巨大离子喷射。他还发现围绕着 M87 核心有快速旋转的气体盘，估计核心天体的质量大约是 30 亿

M87 的物质喷流

倍太阳质量。几十年后，美国天体物理学家盖哈特与德国研究伙伴托马斯发现，位于 M87 星系中心的黑洞质量是太阳的 64 亿倍。

在我们的银河系中心，有许多恒星围绕着一个质量为太阳 430 万倍的不发光质心运行。通过对围绕着这个质心运行的恒星进行测量，确定它是一个无可争辩的黑洞，距离我们 2.6 万光年，其事件视界半径约 1 200 万千米。

国际天文学界并没有一个为黑洞命名的特定规则和专门体系，**习惯做法是在黑洞所属星系后面加上一个“*”号，用来指代位于某星系的黑洞。例如，著名的仙女座大星系 M31 中心的黑洞就称为 M31*，银河系中心的黑洞称为人马座 A***。

迄今为止，人类在宇宙中已经辨识出了许多黑洞，既有恒星级黑洞，也有超大质量黑洞。恒星级黑洞多位于银河系内。超大质量黑洞多位于星系中心。超大质量黑洞的质量可达太阳的几百万甚至几十亿倍。目前，一般认为星系的中心都有一个超大质量黑洞。

银河系中心的黑洞——人马座 A*

人们发现，在一些通过 X 射线望远镜发现的双星（由一个致密星和另一个正常恒星组成）中，致密星的质量比中子星的质量上限（约为 3 倍太阳质量）还大，但半径却差不多，因此只能认为这些引力极强的致密星是黑洞。目前在银河系中已发现 20 多个黑洞 X 射线双星，它们的黑洞质量大约是太阳质量的 5 ~ 20 倍。

黑洞一般无法直接观测，但可以借由间接方式得知其是否存在以及其质量，并且观测到它对其他事物的影响。借由物体被吸入之前因黑洞引力带来的加速导致的摩擦而放出的 X 射线和 γ 射线的“边缘信息”，可以获取黑洞存在的信息。借由间接观测到的恒星或星际云气团绕行轨迹可推测出黑洞的存在，还可以取得其位置信息及质量。

1970 年，美国的自由号人造卫星发现了与其他射线源不同的天鹅座 X-1。位于天鹅座 X-1 上的是一个比太阳重 30 多倍的巨大蓝色星球，该星球被一个质量约 10 倍太阳质量的看不见的物体牵引着。天文学家推测这个物体就是黑洞，它是人类发现的第一个黑洞。对质量为几十倍太阳质量的银河系内的恒星级黑

恒星级黑洞的吸积气体流、吸积盘、喷流系统示意图

洞而言，史瓦西半径只有几十千米，而这些黑洞距离我们都有上万光年（1 光年约为 9.5 万亿千米）之遥，事件视界的大小相对于距离实在太小了，所以根本无法探测到。

近几年，天文学家想出了观测研究黑洞的好方法，即利用分布在全球几大

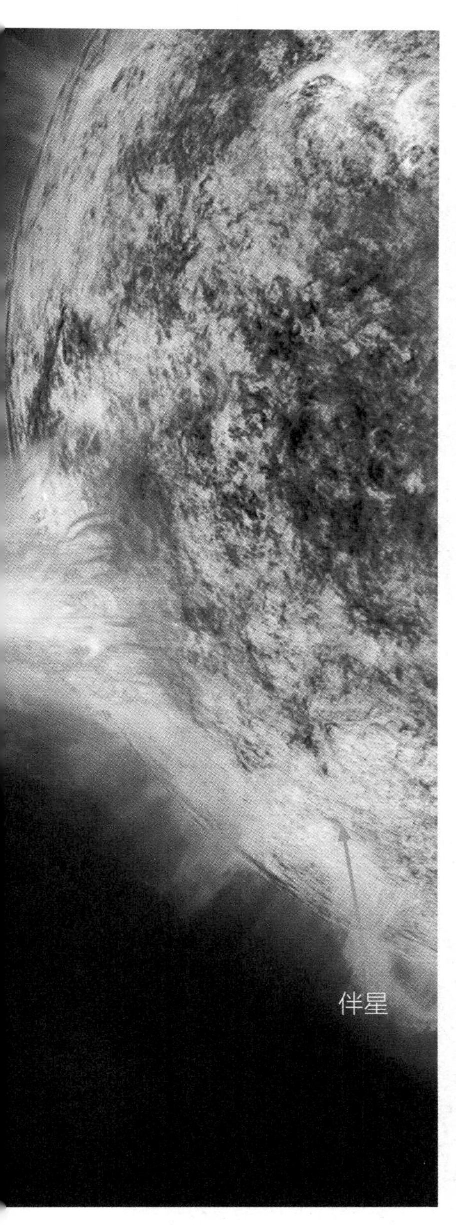

洲的 8 个毫米波望远镜组成干涉阵列，即事件视界望远镜（Event Horizon Telescope，EHT）。其基线长度和地球大小相当，角分辨率可达几十微角秒，这相当于要分辨出放在月亮上的一个乒乓球。

北京时间 2019 年 4 月 10 日 21 时，事件视界望远镜团队向世界宣布：人类第一张黑洞照片面世。该黑洞位于室女座超巨椭圆星系 M87 的中心，距离地球 5 500 万光年，质量约为太阳的 65 亿倍，事件视界半径约 180 亿千米。它的核心区域存在一个阴影，周围环绕一个新月状光环。

人类获得的第一张黑洞照片成为 2019 年世界上最重要的科学发现之一。黑洞照片“冲洗”用了约两年时间。

事件视界望远镜国际合作项目由 13 个合作机构组成，中国科学院天文大科学中心（CAMS）是其中之一。CAMS 由中国科学院国家天文台、紫金山天文台和上海天文台共同建立，其中上海天文台牵头组织协调国内学者参与了此次合作。

到目前为止，我们不断发现新的黑洞，而且每次发现的黑洞看起来都越来越大，科学家们甚至开始暗示可能存在一类名为超大黑洞的黑洞，这些黑洞的质量可能超过 1 000 亿倍太阳质量。黑洞通过称为霍金辐射的过程缓慢蒸发，会一点一点地失去质量，这是一个非常缓慢的过程。理论认为，一个质量为 1 亿吨的黑洞需要大约我们现有宇宙的年龄才能损失其质量的 50%。它们的质量越大，这个过程就越慢。随着科学技术的不断进步，我们终会逐步揭开宇宙的神秘真相。

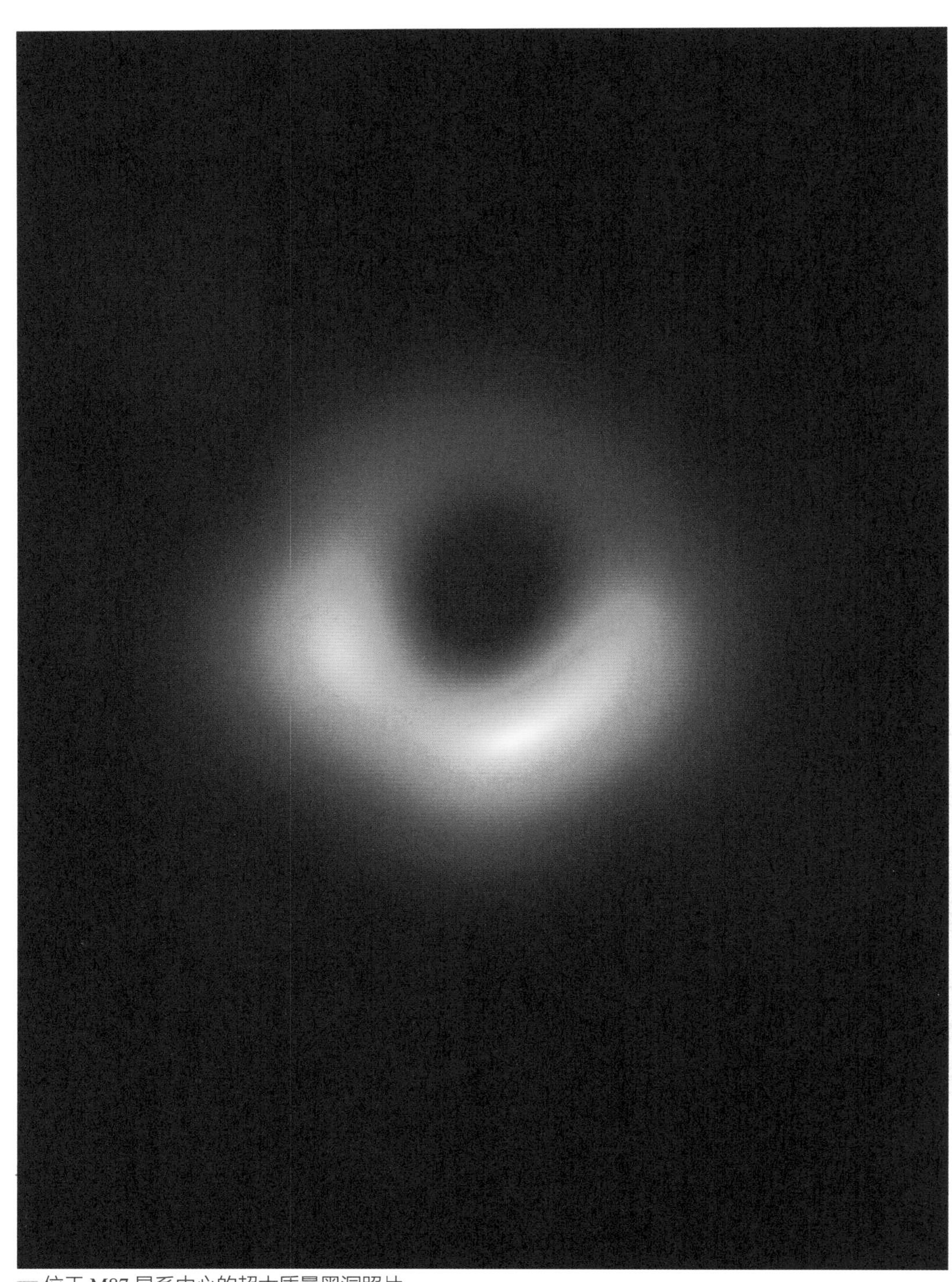

位于 M87 星系中心的超大质量黑洞照片

由“事件视界望远镜”团队于 2019 年公布。

4

膨胀的宇宙与现代宇宙学模型

随着爱因斯坦相对论宇宙学的问世及河外星系谱线红移的发现，人类对宇宙的认识翻开了崭新的一页。爱因斯坦发表的题为《根据广义相对论对宇宙学所做的考察》给出了天文学史上第一个自洽且可应用于整个宇宙的动力学，一个新的现代宇宙论正是被爱因斯坦的相对论从神秘的殿堂里拉到了科学世界中。

在爱因斯坦的理论中，空间和时间都是动力学量。当物体运动或者有力在作用时，它影响时空的曲率；反过来，时空结构又影响物体的运动和力的作用方式。爱因斯坦的广义相对论是对引力的一种描述，它告诉人们引力是怎样起作用的，但不是像牛顿的观念那样（按照牛顿的理论，引力是一种力，利用牛顿的公式，人们可算出太阳系行星等天体的轨道）。人们不再说引力是一种力，取而代之的是弯曲的时空结构，它显示着物体周围引力场的存在。离任何引力源都很远的遥远外围空间，空间和时间是完全平坦的，但是当你接近大质量物体时，比如说，接近一颗恒星或一颗行星时，你就进入一个曲率逐渐增大的弯曲时空区域。引力场越强，时空的弯曲就越显著。

1922 年，苏联物理学家、数学家弗里德曼改进了爱因斯坦描述宇宙本性的方程，找到了一个解，即一个非静态的宇宙解。他作了这样的假设：不论我们往哪个方向看，宇宙都是一个样子，而且不论我们在另外什么地方看宇宙，这个结论仍然正确。弗里德曼提出的宇宙模型认为宇宙的起源是大爆炸一类的现象，他在广义相对论的基础上论证了存在随时间膨胀的宇宙的可能性。

荷兰天文学家德西特、比利时天体物理学家勒梅特于 1927 年也各自提出了类似的膨胀宇宙观念和宇宙学理论。勒梅特认为，如果我们把时间反推回去，就可以想象各星系越来越靠拢在一起，直到它们一开始存在时，被一起挤进一种宇宙蛋或超级原子当中，它容纳了宇宙所有的物质。一场大爆炸把它炸了开来，几十亿年后最初这场超级爆炸就留下了现在的星系退行。勒梅特的理论使当时的人们非常吃惊，许多人持怀疑甚至否定的态度。

直到著名的英国科学家爱丁顿请科学家们注意勒梅特的文章，勒梅特的观点才引起人们的关注。1929 年，美国天文学家哈勃发现几乎所有的河外星系都在远离我们而去，即星系都在退行。哈勃定律的问世使人们开始相信，宇宙的确在膨胀。然而，观测中发现，有极少数的星系却在接近我们。后来，人们发现了星系群、星系团，这个疑问才解开了。假如，宇宙中的全部星系不是成群成团地存在，而是彼此“独立”（单个的星系）互不影响时，宇宙膨胀会使所有的星系都彼此远离。

勒梅特获悉哈勃定律后指出，哈勃观测到的宇宙膨胀现象正是爱因斯坦引力场方程所预言的。过去的宇宙必定比今天的宇宙占有更小的空间尺度，并且宇宙有一个起始之点。

哈勃定律的问世虽然揭示了宇宙在膨胀，但并不表示地球是宇宙的中心。可以设想，我们的宇宙好像一个表面涂满小斑点（河外星系）的气球，当气球膨胀时，斑点便各自远离。假设有人站在任一斑点上，在他看来，其他所有的斑点似乎都在离他远去，而且离他越远的斑点远离得越快。不论他在哪个斑点上，效果都是一样的。宇宙膨胀即时间 - 空间本身在扩张。也有人这样比喻：我们驾驶着一辆汽车在行驶，由于前方道路在不断地延伸扩展，我们似乎总也到达不了目的地。

现在我们知道，哈勃常数的物理意义是现在的宇宙膨胀速率。它的倒数（与时间具有相同的单位）则称为哈勃时间。哈勃时间大致对应于宇宙现在的年龄。天文学家们虽然肯定了哈勃定律是完全正确的，但是星系距离和退行速度的比例系数即哈勃常数取值并不一致，其原因在于哈勃常数和哈勃时间对应于宇宙现在的膨胀速率和年龄——在匀速膨胀的宇宙中，哈勃常数是随时间变化的。由于系统误差很大而且很难消除，严重影响和妨碍了观测，因此，精确测定哈勃常数成为几代天体物理学家一直以来的工作。

哈勃空间望远镜

反射式，物镜口径达 2.4 米，在距离地面 600 千米的太空运行。

5 开天辟地的『大爆炸』

为了解释宇宙膨胀的原因，20 世纪中叶出现了两类截然不同的宇宙模型。一类是由静止宇宙理论演变而来的稳恒态宇宙模型，它的提倡者以英国宇宙学家霍伊尔、戈尔德和邦迪为代表。这种模型认为，宇宙是永恒不变的，为了弥补膨胀造成的物质稀疏，物质从虚无中源源不断地产生，大约每立方米空间每 10 亿年产生一个氢原子。另一类是大爆炸宇宙模型，它的提倡者以比利时天体物理学家勒梅特、美籍俄裔物理学家伽莫夫为代表。在几十年里，这两类宇宙模型各自都有相当数量的支持者，一时难辨高低。争论从 20 世纪 40 年代一直延续到 1965 年（发现宇宙微波背景辐射）才基本结束。

宇宙膨胀被发现之后，引起了伽莫夫的注意。他在 1946 年第一次将广义相对论融入宇宙论中。他提出，宇宙起源于高温、高密度的原始物质，最初的温度超过几十亿摄氏度，随着温度的下降，宇宙开始膨胀。伽莫夫从考虑宇宙曾经处于高热和极密的状态出发，提出在宇宙年龄不到 200 秒的时候，温度曾高于 10 亿开尔文，如此的高温足以导致极快地发生核反应。

1948 年，阿尔弗、贝特和伽莫夫联名发表了一篇关于大爆炸宇宙学的论文，文中提出这些核反应可以说明宇宙中当前的氦丰度。由于论文作者署名的发音接近希腊字母的序列，这个理论后来经常被称为 α β γ 理论。根据宇宙膨胀速度及氦丰度等，可推算宇宙每一历史时期的温度。同一年，阿尔弗和赫尔曼对宇宙氦丰度等问题做了更加严格的分析，并发表了一篇经典的论文，提出早期宇宙应该是充满辐射的，剩余辐射还可能以低强度的微波背景被探测到。他们给出了一个计算宇宙微波背景辐射温度的方程式，并求得当前温度约为 5 开尔文。

1950 年前后，伽莫夫系统地建立了宇宙创生的热大爆炸宇宙模型。这个宇宙大爆炸其实是宇宙极其剧烈膨胀的比喻，它不是地球上发生的巨型炸弹爆炸的情形，而是时空本身膨胀。所以，宇宙大爆炸不是从某一点开始，而是一种在各处同时发生，从一开始就充满整个空间的爆炸，即到处都膨胀。宇宙极早期是光子和其他物质紧密耦合着的混沌。宇宙的膨胀伴随着物质密度变小，温度降低，以及一系列的粒子物理过程。爆炸中每一个粒子都飞奔着离开其他粒子。事实上，宇宙膨胀应该理解为整个空间的急剧膨胀。

有趣的是，大爆炸之名得自于它的争论对手——英国宇宙学家霍伊尔。他在一次演说中将伽莫夫的宇宙模型贬低为“Big Bang”即“巨大的砰砰理论”。此后，人们喜欢用大爆炸来称呼这一模型——大爆炸宇宙模型（Big Bang Model）。

后来，由于科学家应用量子理论研究宇宙的起源，这使对宇宙大爆炸的理解与 20 世纪 80 年代之前的理解有所不同，虽然不少观点是相近的。著名英国宇宙学家霍金对于宇宙创生后 10^{-43} 秒以内的演化图景曾作了较清晰的阐释。他提出，宇宙最初是比原子还要小的奇点，然后是大爆炸，通过大爆炸的能量形成了一些基本粒子，这些粒子在能量的作用下，逐渐形成了宇宙中的各种物质。至此，大爆炸宇宙模型成为最有说服力的宇宙理论。

目前广泛流行并为一些观测事实所支持的标准热大爆炸宇宙模型，为人们描述了这样一幅宇宙的演化图景：大约在138亿年前，我们的宇宙在热大爆炸中诞生了，它是在极其致密且温度极高的初始条件下急剧膨胀起来的。

在宇宙诞生之初，物质是一种超炽热、极致密的东西，由一些被称为夸克和胶子的粒子组成，它们到处乱跑、横冲直撞。少量的电子、光子和其他较轻的基本粒子给这锅“浓汤”配上了“调料”。这种混合物的温度高达上万亿摄氏度，比太阳核心还要炽热10万倍以上。但是，温度会随着宇宙的膨胀而直线下降，就像今天一团普通气体在迅速膨胀时会冷却一样。夸克和胶子的速度大为减慢，使其中一部分粒子能暂时地粘连在一起。

在将近10微秒时间流逝之后，夸克和胶子被它们之间的强作用力捆绑在一起，永久地囚禁在质子、中子和其他强相互作用粒子之中，物理学家将它们统称为强子。物质属性的这种突然改变被称作相变（比如液体水冻成冰就是相变）。

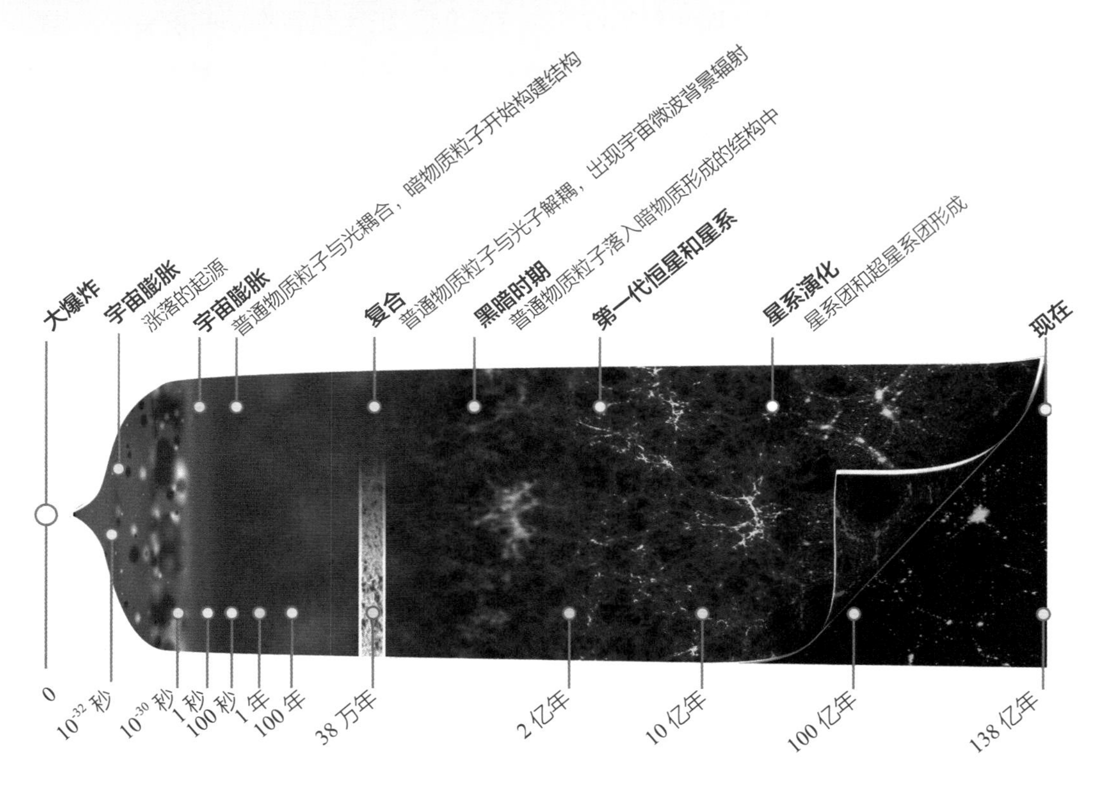

“大爆炸”和宇宙膨胀示意图

从最初的夸克－胶子混合物转变成平凡的质子和中子，宇宙的这场相变日益引起了科学家浓厚的兴趣。

1977年，著名理论物理学家史蒂文·温伯格出版了他的经典著作——讲述早期宇宙物理学的《最初三分钟》。宇宙学家对宇宙物质初始处于极高密集、极高温度的状态称为原始火球。在热大爆炸中所产生的各种粒子边膨胀边冷却。在最初3分钟内，宇宙温度降到 1×10^9 开尔文，中子与质子合成了氢、氦等原子核。随着其后的膨胀，宇宙中物质的温度、密度不断下降。当宇宙年龄约为30万岁时，温度下降到约4 000开尔文，高温下处于等离子体态物质中的电子和离子迅速结合为中性原子，此过程称为复合。复合以后，原先处于热平衡的物质粒子和辐射场将不再相互影响，而是随宇宙膨胀各自进行演化。从复合至今的漫长时间里，宇宙尺度膨胀了上千倍，此期间原子凝聚成巨大的星系团、星系和恒星，后来出现了行星等天体。原先4 000开尔文左右的热辐射场也冷却成为温度大约3开尔文的微波背景辐射了。

除了河外星系谱线红移和宇宙微波背景辐射以外，支持宇宙大爆炸理论的另一个观测证据是宇宙中的氦丰度。宇宙中各种不同天体上，氦丰度相当大，大都在25% ～ 30%。用恒星核反应机制不足以说明为什么有如此多的氦。根据标准宇宙模型所推算的氦丰度为23% ～ 27%，这与实际观测值较为接近，即大爆炸可以解释这一观测事实。因为大爆炸理论认为早期温度极高，产生氦的效率也很高，由此可说明这一观测事实。需要说明的是，虽然标准宇宙模型得到了科学界较多的支持和赞誉，但是仍需要解决其中的一些演化过程问题。

6

暗能量：宇宙加速膨胀的推手

按照广义相对论，如果宇宙由一般的物质（包括所谓暗物质）组成，其膨胀会逐渐减速，这是由于引力的作用。如何解释观测到的宇宙膨胀加速呢？如果只考虑引力，不可能观察到宇宙加速膨胀的现象。于是，人们很快想到，这很可能与暗能量有关。根据卫星探测仪器对宇宙微波背景辐射及 Ia 型超新星等观测数据的拟合表明，宇宙中暗能量大约占 68.3%，此外还有大约 26.8% 是不发光的暗物质，而我们熟悉的普通物质仅占 4.9%。

暗能量向物理学提出了一大挑战，它可能带来一种新的引力理论，或者为彻底理解时空结构指明方向。但是，到目前为止，无人能够破解这一谜题。暗能量一词最初是由美国芝加哥大学天体物理学家特纳提出的。它实际上也是物质的一种形式，但具有很奇特的性质，比如，它的有效压强小于 0，负压强使得时空的弯曲与一般物质造成的时空弯曲相反，因此可以理解成是与万有引力相对的斥力，可以导致宇宙的加速膨胀。有研究认为，在五六十亿年前，宇宙开始加速膨胀。这种加速被认为是由暗能量驱动的，暗能量起初只占宇宙的一小部分，但是，随着物质在宇宙的膨胀过程中逐渐稀释，暗能量变得越来越显著。

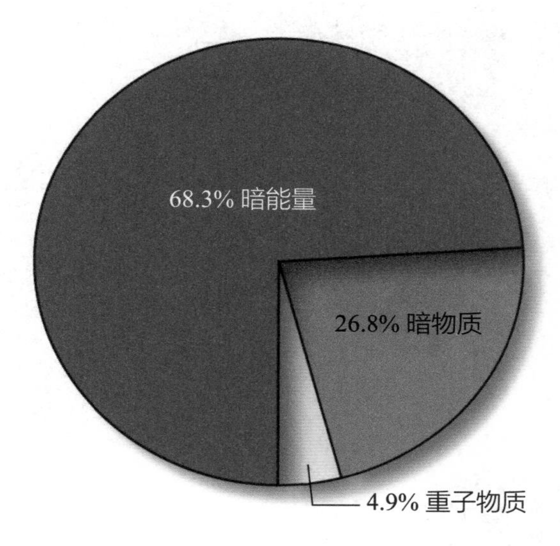

■ 宇宙中的质能占比示意图

宇宙的组成成分除了我们这里所说的暗能量及地球等普通物质以外，还有一个组成部分是暗物质。暗物质是宇宙中另一个迄今未解的谜题。与暗能量一样，暗物质也是不可见的。对于这两种物质，我们只知道它们所发挥的作用一个是推，另一个是拉。名字前面的“暗”字，是它们唯一的共同点。近年有科学家面对暗能量和暗物质问题时非常困惑，把它们比喻为飘浮在 21 世纪物理学天空中的两朵乌云。

自从美国天文学家爱德文·哈勃 1929 年发现宇宙正在膨胀以来，经典的大爆炸宇宙论经历了几十年的不断修改。根据这一理论，宇宙的最终命运将取决于两种相反力量之间“拔河比赛”的结果。一种力量是宇宙的膨胀，在过去大约 138 亿年的时间里，宇宙的扩张一直在使星系之间的距离拉大。另一种力量是这些星系和宇宙中所有其他物质之间的万有引力，它像制动器一样使宇宙扩张的速度逐渐放慢。

如果万有引力不足以阻止宇宙的持续膨胀，那么它最终将变成一个令人感到不快的黑暗、寒冷的世界。恒星是通过使轻原子核（主要是氢和氦）发生聚

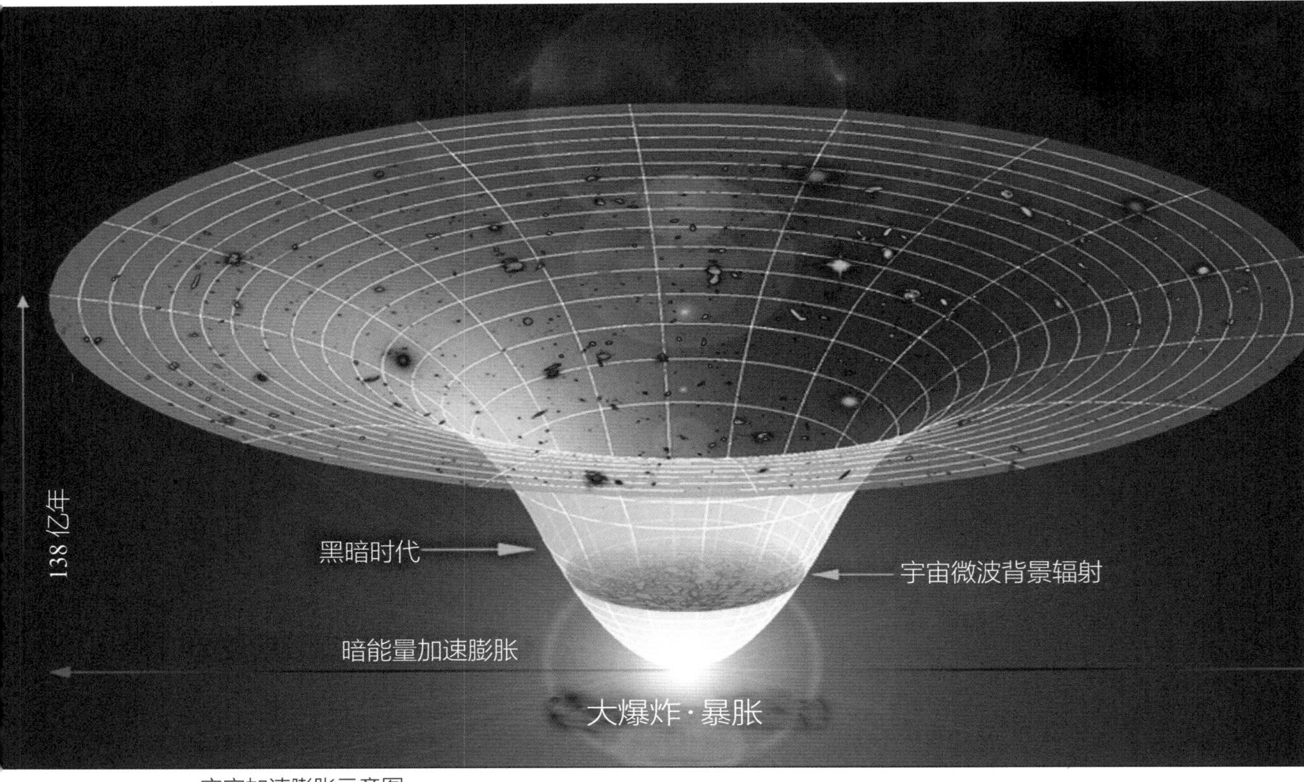

宇宙加速膨胀示意图

宇宙大约起源于 138 亿年（理论上限为 150 亿年）前的一次大爆炸，在经历了极短暂的暴胀阶段后，进入漫长的减速膨胀期，并大约在五六十亿年前开始加速膨胀。科学家推测，导致其膨胀加速的是神秘的暗能量，它起斥力的作用。尽管其非常微弱，却在大尺度上与万有引力相抗衡，因此宇宙至今仍在加速膨胀。

变反应形成较重的原子核来产生能量的。一旦恒星内部储存的氢和氦消耗殆尽，衰老的恒星上燃烧的火焰就会因为没有新的元素来替代已消耗掉的元素而熄灭，同时宇宙也会逐渐衰变成一个漆黑一团的空间。

7 Ia 型超新星与宇宙加速膨胀

从 2011 年度诺贝尔物理学奖谈起

大约 138 亿年前，我们的宇宙创生于所谓的大爆炸，继而时空开始膨胀。很多现代宇宙学家认为，由于万有引力的作用，宇宙膨胀迄今已经减速。多年来，天体物理学界也一直认为宇宙在减速膨胀。

超新星爆发是恒星演化到晚期的一种极为壮观的高能爆发现象，其涉及许多复杂的物理过程。它们在天体物理中占有极其重要的地位。依据光谱分析的结果，超新星可分为两类：I 型和 II 型。II 型超新星的光谱中有氢的吸收谱线，而 I 型没有。根据光度极大附近光谱的特征，I 型超新星又可进一步分为 Ia，Ib 和 Ic 三个次型。美国天文学家珀尔马特等人在 20 世纪末，用多年时间专门观测研究了许多的 Ia 型超新星，并由此发现了惊人的成果。

Ia 型超新星被天体物理学家认为是致密天体热核爆炸的产物，它具有可校准的光度，可当作标准烛光，用来测定宇宙学距离，从而探索宇宙的形状和演化趋势。此外，Ia 型超新星爆炸产生的铁是星系中铁元素的主要来源，而铁是星系化学演化的主要驱动力之一。因此，美国的“新千年天文学和天体物理学”研究计划特别把 Ia 型超新星列为新千年的主要研究对象之一。

早在 20 世纪 60 年代，科学家提出，恒星的电子简并核可以通过热核燃烧激发热核爆炸，并将整个天体炸碎。经过近 50 年的发展，科学家已普遍接受了如下事实，即 Ia 型超新星来源于双星系统中具有高度简并电子的碳氧白矮星的热核爆炸。碳氧白矮星通过某种途径从其伴星获取物质，从而增加自身质量，当其质量增加到钱德拉塞卡极限时，其中心会激发不稳定的热核燃烧，释放出的能量将整个碳氧白矮星炸粹，并生成大量的放射性元素镍，镍及其放射性子核的放射性衰变所产生的能量注入抛射物中将其加热，从而使 Ia 型超新星看起来如此的明亮。

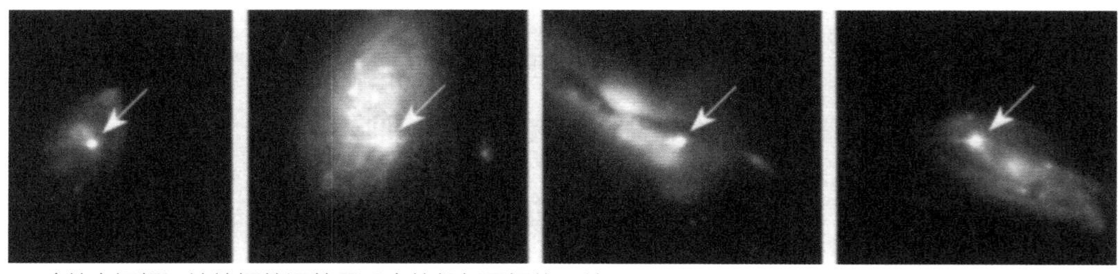

哈勃空间望远镜拍摄的河外星系中的超新星爆炸照片

M101 星系中的 Ia 型超新星（SN 2011fe）爆炸前后对比特写照片

Ia 型超新星在最明亮的时候亮度大约是太阳亮度的 50 亿倍，和整个银河系的亮度差不多。由于这类天体的爆炸质量都大致相等，所以在超新星爆炸后其峰值绝对亮度也都大致相等，也就是说 Ia 型超新星可以作为标准烛光。天文学家根据观测到的某颗 Ia 型超新星的视亮度，就可以推测它到我们的距离。此外，我们还可以观测 Ia 型超新星的光谱，从而测出其红移数据。比如，一条原本波长为 615 纳米的谱线，经过红移后，其波长为 1230 纳米，那么我们就说这个 Ia 型超新星的红移 $z=1$（观测到的谱线波长是原来的 $1+z$ 倍）。如果我们把观测到的 Ia 型超新星的红移和距离一一对应起来，那么就可以给出观测数据所得的哈勃图。不同宇宙学模型的哈勃图是不一样的，因此用这种方法可以研究宇宙到底在减速膨胀还是加速膨胀。

珀尔马特于 20 世纪 90 年代初成为超新星宇宙学计划负责人。据说，珀尔马特等人的超新星寻找工作最初仅是为了搜寻太阳伴星“复仇女神”尼弥西斯（Nemesis，属于红矮星），因为那时古生物学家发现，地球史上生物大灭绝的周期性似乎与那颗神秘的太阳伴星有关。当太阳伴星沿着周期轨道接近太阳时，它对小行星轨道的扰动极易导致小行星撞击地球，因而造成地球的生命浩劫。

由于搜寻太阳伴星无果，珀尔马特就承接了超新星观测研究项目，即 1988 年启动的超新星宇宙学计划（Supernova Cosmology Project，SCP）。他接管此研究项目时正是该研究项目最困难的时期。珀尔马特的 SCP 小组一开始对于超新星观测研究中的许多困难并不完全了解，在获得研究经费后，他们首先研制了一台性能优良的 CCD 照相机，将其安放在西班牙加那利群岛的一个大型望远镜上。作为交换条件，珀尔马特可以使用这一望远镜对超新星做巡天搜索。

珀尔马特工作非常专注，为了对新发现的超新星进行后续的严密监视观测，他曾经多次给世界各大天文台打电话，恳求正在使用望远镜的人协助他进行超新星观测。后来，珀尔马特用了几年时间研发了一套适用的软件和数值分析程序，用以自动搜寻高红移处的 Ia 型超新星。该技术能够迅速处理天文望远镜传回的观测数据，并选出 Ia 型超新星的候选体，以便利用大型光学望远镜（比如夏威夷莫纳克亚山天文台口径 10 米的凯克望远镜）进行后续的光谱观测，从而确定高红移处 Ia 型超新星的距离和红移。

随着他们的工作逐渐接近成功，其他的天文学家们开始看好此研究的前景并准备参加竞争。澳大利亚科学家施密特于 1994 年年底开始领导另一支研究团队独立地从事高红移 Ia 型超新星的观测研究。里斯在施密特的团队中发挥了重要作用。施密特没有像珀尔马特小组那样开发一套全新的软件，而是通过组合一些现成的天文软件实现同一个目的。这样，施密特领导的小组就以出人意料的高速、高效率加入了竞争者的行列。通过确定这些超新星的距离和它们远离我们而去的速度，科学家希望能够推演出宇宙的最终命运。他们最初以为会发现宇宙膨胀正在减速的迹象，这种减速将决定宇宙会终结于烈火还是寒冰。珀尔马特等人本想证实宇宙在减速膨胀。但是，到 1997 年下半年，这两个相互竞争的研究团队均发现高红移处的 Ia 型超新星比原来预期的要更暗。根据哈勃图，这表明宇宙的膨胀是在加速而不是减速。两个小组做了反复检查，并于 1998 年 2 月在“暗物质 1998”国际会议上各自公布了观测结果。珀尔马特等人发现了 42 颗高红移处的 Ia 型超新星，而施密特等人只观测到 16 颗，但每颗 Ia 型超新星的误差要小一些。1998 年 3 月和 9 月，施密特和珀尔马特的研究组分别将他们的观测结果正式提交到了天文专业期刊上发表。他们向科学界报告了他们的惊人发现：今天的宇宙正在加速膨胀。

宇宙正在加速膨胀这一重要结论公布后，被美国《科学》杂志评选为当年最具突破性的科学发现之一。鉴于珀尔马特、施密特及里斯等人对人类认识宇宙的贡献，他们于 2006 年分享了具有东方诺贝尔奖美誉的香港邵逸夫天文学奖，并共同获得了 2011 年的诺贝尔物理学奖。

我们的宇宙：未来之命运

一些天文爱好者有时候会想：我们宇宙的未来命运是什么？

据科学家推测，在暗能量作用下，宇宙未来也许有 3 种命运走向：宇宙的密度随着时间推移会降低，维持不变或者增加，即宇宙未来的命运取决于暗能量的密度和性质，其最终的命运可能朝着大约 3 个方向演化。

（1）我们的宇宙继续无限期膨胀，膨胀得恰好比较合适，趋于稳定，科学家称之为临界的膨胀。当然，也有可能我们的宇宙继续加速膨胀，空间扩张得越来越快，星系和星系之间的分离速度越来越快，以至于最后人们看不到宇宙中别的星系。

（2）我们的宇宙将来的膨胀会停止，结果宇宙会塌缩，会重新回到一个起点，这与宇宙大爆炸相反，即宇宙最终走向大坍缩、大挤压。

（3）可能膨胀总是不断地加速，结果是大撕裂（Big Rip），即宇宙尺度在有限的时间内膨胀至无限大，物质连接物、原子、分子甚至亚原子粒子都将被撕裂。有研究者认为，大撕裂情形可能在未来宇宙年龄达到 220 亿年之前发生。大撕裂的意思是说，不仅星系和星系之间的距离会变得越来越远，星系里面的每个天体之间的距离也会变得越来越远，星系会裂掉，甚至于组成我们身体的原子都会被撕裂开，当然，这是一种非常不好的结局。

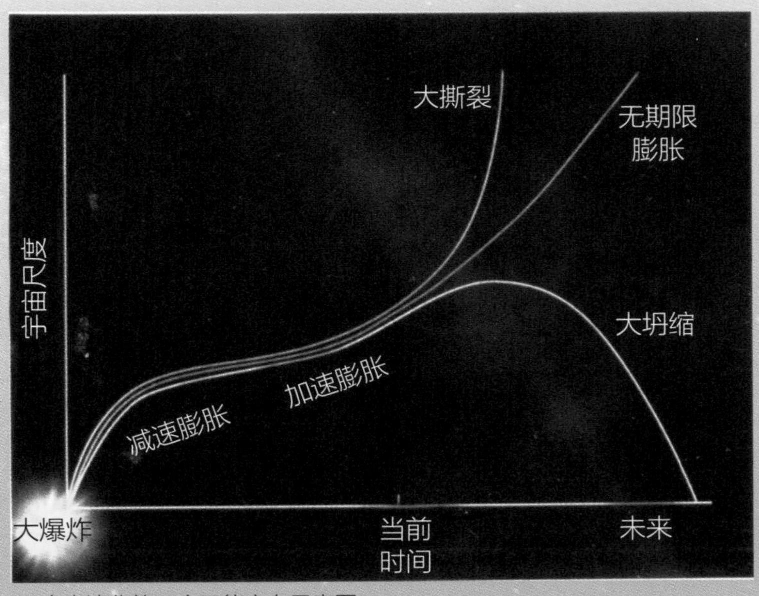

宇宙演化的 3 个可能方向示意图

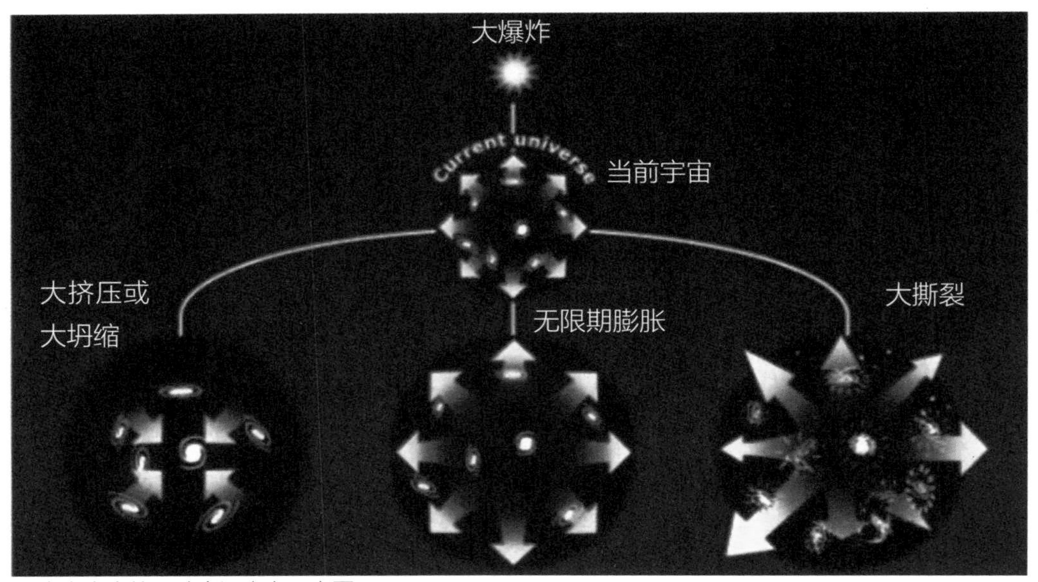

宇宙未来的 3 种命运走向示意图

以上 3 种宇宙终结理论都有自己的道理和逻辑，当前还没有一个人能够给出确切的答案。事实上，由于人们目前对暗能量的性质尚缺乏深入透彻的了解，所以难以对宇宙的命运做出科学的预言。随着基础物理学研究的深入，科学家将进一步了解宇宙的终极命运。

科学家还在酝酿发射新的宇宙探测卫星对宇宙大尺度空间进行更多、更精确、更系统的观测，进一步研究宇宙加速膨胀的规律，以确定暗能量的形式和物理特征，探索不同的暗能量形式，从而将发现更多宇宙膨胀的规律。并且，解决这一问题还需要拓展新的物理学理论。总之，破解暗能量、暗物质之谜，对于整个天文学乃至物理学而言，无疑将是一场重大的革命。

让我们共同展望天文宇宙学的未来。

附录一　图片署名列表

页 码	图 名	署 名
55—56 页	太阳系行星与其他恒星的比较示意图	Dave
91 页	狐狸座哑铃星云（M27）	ESO
92 页	三裂星云（M20）	ESO
106 页	哈勃空间望远镜 1997 年拍摄的仙女座大星系	Adam Evans
141 页	NASA 模拟的一个由薄吸积盘照亮的施瓦西黑洞地平线外的景象	NASA's Goddard Space Flight CenterJeremy Schnittman
146 页	位于 M87 星系中心的超大质量黑洞照片	事件视界望远镜
158 页	宇宙加速膨胀示意图	Coldcreation

附录二　编辑及分工

书　名	加工内容	编辑审读	专家审读
向月球南极进军	统　　稿：刘晓庆	陆彩云　徐家春　刘晓庆 李　婧　张　珑　彭喜英 赵蔚然	黄　洋
火星取样返回	统　　稿：徐家春	徐家春　吴　烁　顾冰峰 张　珑　曹婧文　赵蔚然	王　聪
载人登陆火星	统　　稿：徐家春	徐家春　李　婧　顾冰峰 张　珑　徐　凡　赵蔚然	贾　睿
探秘天宫课堂	统　　稿：徐家春 插图设计：徐家春 赵蔚然	徐家春　曹婧文　彭喜英 张　珑　徐　凡　赵蔚然	黄　洋
跟着羲和号去逐日	统　　稿：徐家春 插图设计：徐家春 赵蔚然	徐家春　许　波　刘晓庆 张　珑　曹婧文　赵蔚然	王　聪
恒星世界	统　　稿：赵蔚然	徐家春　徐　凡　高　源 张　珑　彭喜英　赵蔚然	贾贵山
东有启明 ——中国古代天文学家	统　　稿：徐家春 插图设计：赵蔚然 徐家春	田　姝　徐家春　顾冰峰 张　珑　高　源　赵蔚然	李　亮
群星族谱 ——星表的历史	统　　稿：徐家春	徐家春　曹婧文　彭喜英 张　珑　高　源　赵蔚然	李　良 李　亮
宇宙明珠 ——星系团	统　　稿：徐家春	徐家春　彭喜英　曹婧文 张　珑　徐　凡　赵蔚然	李　良 贾贵山
跟着郭守敬望远镜 探索宇宙	统　　稿：徐家春	徐家春　高　源　徐　凡 张　珑　许　波　赵蔚然	黄　洋
航天梦 · 中国梦 （挂图）	统　　稿：赵蔚然 版式设计：赵蔚然	徐　凡　彭喜英　张　珑 高　源　赵蔚然	李　良 郑建川